简单蛋糕就很好吃

君之——著

北京科学技术出版社

图书在版编目（CIP）数据

君之烘焙：简单蛋糕 就很好吃／君之著. —北京：北京科学技术出版社，2019.8（2019.11重印）
ISBN 978-7-5304-9689-3

Ⅰ.①君… Ⅱ.①君… Ⅲ.①蛋糕－糕点加工 Ⅳ.① TS213.23

中国版本图书馆 CIP 数据核字（2018）第 110658 号

君之烘焙：简单蛋糕 就很好吃

作　　　者：	君　之
策划编辑：	张晓燕
责任编辑：	王元秀　宋增艺
图文制作：	天露霖
责任印制：	张　良
出 版 人：	曾庆宇
出版发行：	北京科学技术出版社
社　　　址：	北京西直门南大街16号
邮政编码：	100035
电话传真：	0086-10-66135495（总编室）
	0086-10-66113227（发行部）
	0086-10-66161952（发行部传真）
电子信箱：	bjkj@bjkjpress.com
网　　　址：	www.bkydw.cn
经　　　销：	新华书店
印　　　刷：	北京印匠彩色印刷有限公司
开　　　本：	720mm×1000mm　1/16
印　　　张：	10
版　　　次：	2019年8月第1版
印　　　次：	2019年11月第2次印刷

ISBN 978-7-5304-9689-3/T · 991

定价：49.80元

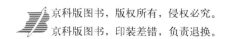

前 言
Preface

　　任何一个喜欢在家做蛋糕的人，都能体会到亲手制作一个蛋糕给自己带来的欣喜与成就感。是的，每一次做蛋糕的过程，就仿佛和幸福有了一次最亲密无间的接触。甜蜜、浪漫、精致，所有最美好的感觉都随着蛋糕一起在烤箱里慢慢膨胀。

　　当然，也有很多时候，我们会因为制作蛋糕失败而沮丧。还有更多想自己做蛋糕又望而却步的人，认为做蛋糕是一件很难很难的事情。似乎有一堵厚厚的墙，挡在了通往蛋糕的幸福之路上。"鸡蛋打发过度""蛋白消泡""蛋糕开裂回缩"……种种问题在我们面前竖起了一道道屏障。有没有可能，抛开这一切让人头疼的问题，而开始一场最简单，却最完美、最成功的蛋糕体验呢？——这就是这本书所要做的事情。

　　这本书的每一个章节，介绍的都是各具特色却又十分容易上手的蛋糕品种。最详细的制作步骤配上最清晰的图片介绍，让一款款蛋糕以最直观的面目呈现在我们面前。只需要花几分钟将每款蛋糕的制作过程仔细阅读一遍，对它们的做法便会了然于心。

　　在这次的蛋糕旅程里，我们不必去挑战那些需要高超技巧才能做出的蛋糕，也不需要担心是否因某一个步骤的小小失误就会满盘皆输。我们所遇到的，只是数十款制作简单，也许只需要十分钟就可以成功学会的美味蛋糕。我想，对于每一个希望在烘焙中体会生活滋味的人来说，这就足够了。

　　随着书页的翻开和一道道美味的出炉，我更希望这一次小小的蛋糕之旅，会带给我们一种能力：有一天，我们突然发现，原来自己可以在半个小时内给家人烤出一盘松软香甜的麦芬蛋糕当早餐；有一天，我们突然发现，原来朋友们的定期聚会，已经离不开自己带去的玛德琳和布朗尼；有一天，我们突然发现，原来每年孩子都会嚷着要的那款黑森林生日蛋糕，自己做起来竟然不费吹灰之力；有一天，我们突然发现，原来经由我们亲手做出的蛋糕已经把幸福传遍身边的每一个人，并如小水花般一圈一圈不断荡漾开……

　　是的，在这一天，我们会突然发现，我们有了一种能力——一种让我们自己以及我们所爱的人，更加幸福的能力。

君之

目 录
contents

Part 1

基础知识

做蛋糕，要准备哪些工具？

烤箱

　　想要烤出美味的蛋糕，选择一台给力的烤箱尤为重要。一般来说，烤箱需要满足如下条件：有上下两组加热管，可以同时加热，也可以单开上火或者下火加热；能调节温度；具有定时功能；内部至少分为两层（三层或以上更佳）；容积至少在 20L 以上。

　　使用烤箱时一定要预热。预热指的是：把食物放进烤箱之前，将烤箱调到指定温度空烧一会儿，使烤箱的内部达到预设的温度。预热的时间因烤箱功率、容积、温度的不同而有所差异，一般需要 5~10 分钟。

厨房秤

　　与做中餐不同，做烘焙讲究定量，各配料的比例一定要准确，所以需要配备一台厨房秤来称量所需的配料。厨房秤有机械秤和电子秤之分，电子秤更准确且读数更直观，是更好的选择。如果能选择最小量程精确到 0.1 克的电子秤，在使用上会更得心应手。

量勺

　　量勺是用来称量少量材料时使用的工具。不同的量勺规格略有不同，一般为一套四个，从大到小依次为 1 大勺、1 小勺、1/2 小勺、1/4 小勺。1 大勺 =1 Table Spoon=15ml，1 小勺 =1 Tea Spoon=5ml。1 小勺又称为 1 茶匙。本书里的配方均采用这个标准。

电动打蛋器

　　电动打蛋器可以用来打发黄油、鸡蛋或者淡奶油，也可以在必要的时候帮我们将材料均匀地混合在一起。电动打蛋器搅打速度快、打发时间短、省力，和手动打蛋器相比具有明显的优势。

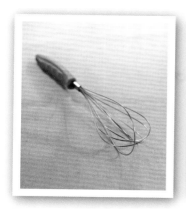

手动打蛋器

电动打蛋器并不适用于所有场景。打发少量黄油，或者不需要打发，只需要把鸡蛋、糖、油混合搅拌时，使用手动打蛋器会更加方便快捷，比如本书介绍的玛德琳蛋糕，用手动打蛋器就更合适。

小蛋糕纸模

小蛋糕纸模非常适合制作麦芬类的蛋糕。纸模一般为一次性的，制作完蛋糕后即可丢弃，免去清洗的麻烦。市面上的纸模规格非常多，各种大小、形状、花色的都有，可以根据自己的喜好选择。

硅胶小蛋糕模

硅胶小蛋糕模和小蛋糕纸模的作用是一样的，但它采用硅胶材质制作，可以反复使用。在制作杯形蛋糕的时候，选择纸模或硅胶模都可以。但如果制作水浴法的杯形芝士蛋糕，就只能选用硅胶模了。

蛋糕连模

蛋糕连模一般由 6 或 12 个小蛋糕模连接组成，有金属材质和硅胶材质之分。图中的是硅胶材质的蛋糕连模。蛋糕连模同样用来烤杯形的小蛋糕，因此与普通的小纸模或者小硅胶模作用相同。

不锈钢盆、玻璃碗

作为制作蛋糕的容器，不锈钢盆或大玻璃碗至少要准备两个以上，还需要准备一些小碗来盛放各种原料。

刮刀

刮刀是一种扁平的软质刮刀，在翻拌面糊时，它可以紧紧贴合碗壁，把附着在碗壁上的蛋糕糊刮得干干净净。刮刀根据材质分为橡皮刮刀和硅胶刮刀。硅胶刮刀具有耐热性，是目前更常用的选择。

花式蛋糕连模

花式蛋糕连模同样有金属材质与硅胶材质之分，具有特别的花样造型，可以使烤出的小蛋糕具有特别的形状，带有漂亮的花纹。

蛋糕圆模

蛋糕圆模用于制作圆形的蛋糕。家庭烘焙最常用的尺寸为6寸和8寸（寸指英寸，1英寸=2.54cm）。蛋糕圆模有活底和固底两种，活底蛋糕圆模脱模更加方便。

小挞模

小挞模一般用来制作蛋挞或者各类小水果挞，但由于它小巧的造型也适合制作迷你型的小蛋糕。

玛德琳模具

玛德琳模具是用来制作玛德琳蛋糕的专用模具，具有贝壳状的花纹。

长条形小蛋糕模
（水果条模具）

长条形小蛋糕模是小巧的长方体模具，在本书里应用较为广泛，可以烤出长条形的小蛋糕。

毛刷

做蛋糕的时候，毛刷最主要的用处是蘸上糖浆刷蛋糕表面。

面粉筛

面粉筛用来过筛面粉或者其他粉类。面粉过筛不但可以除去面粉内的小颗粒，而且可以让面粉更加膨松，有利于搅拌。如果原料里有可可粉、泡打粉、小苏打等其他粉类，可以和面粉一起混合过筛，以便让它们混合更均匀。

裱花嘴、裱花袋

裱花嘴和裱花袋可以用来为蛋糕裱花。不同的裱花嘴可以挤出不同的花型，可以根据需要购买单个的裱花嘴，也可以购买一整套。裱花袋还有一个用途：将拌好的蛋糕面糊装入裱花袋，可以很方便地挤入各式模具。

各种刀具

处理各种原料的时候偶尔会需要用到刀具。切蛋糕时，选择适当的刀具会让切出来的蛋糕更漂亮，具体方法可见第20页的"蛋糕怎么切才整齐？"。

裱花转台

裱花转台是制作裱花蛋糕的工具。将蛋糕置于转台上可以方便淡奶油的抹平以及进行裱花。

做蛋糕，要准备什么原料？

面粉

　　根据蛋白质含量的不同，面粉分为低筋面粉（图左）、中筋面粉（图中）、高筋面粉（图右）。低筋面粉蛋白质含量在 9% 以下，中筋面粉蛋白质含量在 9%~12%，高筋面粉蛋白质含量在 12% 以上。

　　做蛋糕的时候，通常使用低筋面粉，因为它可以使蛋糕口感更为松软细腻。中筋面粉是最常见的面粉，常用来制作中式点心、馒头、包子等面食。高筋面粉一般用来制作面包，但也有一些蛋糕会使用高筋面粉来制作，如布朗尼蛋糕。

　　选购面粉时注意查看商品名称，低筋面粉和高筋面粉一般会标明"低筋""高筋"字样。

全麦面粉

　　全麦面粉是由整粒小麦磨成的粉，因为没有去掉麦麸，所以口感比较粗糙。全麦面粉含有丰富的营养价值，用全麦面粉制作的全麦蛋糕是越来越受欢迎的健康粗粮食品。

玉米淀粉

　　玉米淀粉是白色的粉末，通常又称生粉，各大超市有售。除了作为烘焙原料，玉米淀粉也可以降低面粉的筋度。在没有低筋面粉的情况下，可以将中筋面粉和玉米淀粉按 4:1 的比例混合代替低筋面粉。

植物油

　　制作传统法麦芬蛋糕的时候会用到植物油。制作蛋糕的植物油要选择色浅且无味的，如玉米油、葵花籽油。不要选择色重或者具有特殊气味的植物油，如花生油、山茶油等。

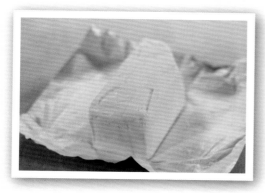

黄油

黄油，英文为 Butter，是从牛奶中提炼出来的油脂，冷藏状态下是黄色的固体。黄油中大约含 80% 的脂肪，剩下的是水及其他牛奶成分，具有天然的浓郁乳香。黄油在 28℃ 左右会变得非常软，可以通过搅打裹入空气，体积变得膨大，俗称"打发"。黄油有无盐和含盐之分，一般在烘焙中使用无盐黄油，如果使用含盐黄油，需要相应减少配方中盐的用量。

细砂糖

通常我们说的细砂糖或者粗砂糖，都属于白砂糖，是我们最常接触的糖。事实上，白砂糖按照颗粒大小，可以分成许多等级，如粗砂糖、一般砂糖、细砂糖、特细砂糖、幼砂糖等。在制作蛋糕或饼干的时候，通常都使用细砂糖，因为它更容易融入面团或面糊里。

糖粉

糖粉，是粉末状的白糖。市售的糖粉，为防止在保存过程中结块，一般会掺入 3% 左右的淀粉。糖粉根据颗粒粗细分为很多等级，10X 的糖粉是最细的，一般常用的是 6X 的糖粉。糖粉可用来做曲奇、蛋糕等，但最主要是用来装饰糕点，糕点表面筛上糖粉，会漂亮很多。

糖粉也可以自制，把白糖用食品料理机磨成粉末就是糖粉了。可以根据用量随磨随用，不需要添加淀粉。不过如果要保存糖粉，就需要加入 3% 的淀粉防止结块了。

红糖

红糖有时候也会被称为红砂糖。不过除了个别的品种，红糖并不像白砂糖那样干爽得颗粒分明，而是有些润润的。它除了含有蔗糖外，还含有一定量的糖蜜、焦糖和其他杂质，具有特殊的风味。不同品种的红糖颜色深浅不一，颜色越深的含有的杂质越多。红糖的口感特别，所以经常用来制作一些具有独特风味的糕点。

鸡蛋

鸡蛋是最常见的烘焙材料。鸡蛋中的蛋白质在烘烤时会凝结，从而支撑起蛋糕结构。鸡蛋通过搅打可以包裹空气而膨发，能作为膨松剂使用。不过制作本书中的蛋糕时，一般情况下都不需要打发鸡蛋。

奶油奶酪

奶油奶酪英文名为 Cream Cheese，是一种未成熟的全脂奶酪，色泽洁白，质地细腻，口感微酸，非常适合用来制作奶酪蛋糕。奶油奶酪开封后非常容易变质，所以要尽早食用。

牛奶

新鲜牛奶可以增加蛋糕的奶香，并为蛋糕增添水分。当配方中需要用到牛奶时，用全脂的新鲜牛奶即可。如果没有新鲜牛奶，可以将全脂奶粉和水以 1：9 的比例混合来代替牛奶。

动物性淡奶油

动物性淡奶油由牛奶制成，英文是 Whipping Cream，是可流动的白色浓稠液体，有很浓的奶香。与之相对的是植物性淡奶油，又称植脂奶油，是由植物油人工合成的产品。推荐大家使用动物性淡奶油，口感更好，也更健康。

盐

少量的盐可以使蛋糕的风味更加特别，也使蛋糕的甜味更加柔和。盐在制作咸味蛋糕时更是有着重要的作用。

柠檬

新鲜柠檬是制作蛋糕时最受欢迎的水果之一。一般会将柠檬挤出汁，柠檬皮切成屑添加到蛋糕里。需要注意的是，柠檬皮内侧的白色部分口感较苦涩，切柠檬皮屑的时候，应该先把这部分刮去。

黑樱桃罐头

黑樱桃，又称黑车厘子，是制作黑森林蛋糕的必备原料，有了它，黑森林蛋糕才独具风味。

黑巧克力

黑巧克力是制作巧克力口味蛋糕的常用原料，也是制作巧克力淋酱的必备原料。家庭烘焙时，购买普通黑巧克力即可，也可购买烘焙专用的黑巧克力。

可可粉

可可粉是一种巧克力颜色的干粉状产品，可以溶于水，经常用来制作巧克力蛋糕。

抹茶粉

制作抹茶口味蛋糕的必备之物，与国产的绿茶粉不同。如果想让制作出的蛋糕呈现漂亮的翠绿色，需要尽量选择高品质的抹茶粉。

泡打粉

泡打粉又叫泡大粉、发酵粉、发粉等，英文是 Baking Powder，简称 B.P.，是一种白色的粉末。它通过化学反应释放出二氧化碳气体，让蛋糕或者饼干在烤焙的时候体积膨胀。购买泡打粉时请选择无铝泡打粉，更加健康，可放心食用。

小苏打

小苏打是一种膨松剂，呈白色粉末状，水溶液为碱性。如果烘焙原料里有酸性成分（如酸性的可可粉），而我们又不希望在成品中保留这些酸味的时候，一般会添加一些小苏打，用来与之反应。小苏打与泡打粉不能互相代替。

香草精

香草精是从香草（Vanilla）所结的豆荚中提取出来的天然香料。香草精是重要的调味品，可以让蛋糕的品质更佳。一般来说，香草精是褐色的、具有浓烈气味的液体。香草精并非烘焙的必需品，当配方里要求使用而手头上又没有的时候，也可省略不用。

各式干果

干果一般添加在蛋糕内部，丰富蛋糕的口感。有时候也会装饰在蛋糕的表面。干果包括水果干和坚果仁。最常用到的水果干有葡萄干、蔓越莓干、蓝莓干等；而坚果仁则有扁桃仁、核桃仁、榛子仁、开心果仁等。水果干通常需要用朗姆酒或清水泡软并滤干后使用。而坚果仁如果是生的，需要使用前放入烤箱烤几分钟，烤出香味并冷却后再使用。

椰丝／椰蓉

将椰肉切丝或磨粉后制成的产品，一般用来制作具有椰香味的蛋糕。

酒类

酒类（白兰地、朗姆酒、黑啤酒、葡萄酒）是制作蛋糕时常用的调味品。尤其值得一提的是朗姆酒，在蛋糕制作里应用最为广泛。朗姆酒有白朗姆及黑朗姆，在烘焙里一般会使用黑朗姆。

做蛋糕，常爱问哪些问题？

❸

Q: 烤蛋糕需要的工具和原料在哪里可以买到？

A: 目前烤蛋糕所用的工具还不普及，普通超市里不容易买到。很多城市都有厨具店及烘焙用品店，可以去这类地方选购。如果你所在的城市没有这种店，可以考虑网购，目前网络购物十分方便，几乎可以买到你想买的任何东西。本书用到的基本原料在普通超市都能买到，某些原料可能需要到精品超市或者大型超市的进口食品货架上去寻找。

Q: 我可以减少食谱中糖的用量吗？

A: 我们首先需要了解，糖在蛋糕中到底起到了什么作用。针对本书中的蛋糕来说，糖不仅带来了甜味，还参与构成了蛋糕的组织。如果糖的用量不足，蛋糕的质地可能会发生较大的改变，变得不够细腻。另外，糖具有焦化作用，含糖量越高的蛋糕，烘烤时越容易上色；糖还有加强防腐的效果，含糖量足够的糕点，往往能保存更长的时间（当然，糖在烘焙中还有更多的作用，比如增加打发后鸡蛋泡沫的稳定性、改善面团结构、增强吸水性等，不过这些作用在本书的蛋糕中体现不多）。所以，当我们减少配方中糖量的时候，糖的这些效果也会削弱。
　一般来说，根据你对甜度的喜好，当对配方中的糖量增减不超过 30% 时，对成品品质的影响不算太大，但如果你大幅改变糖的用量，就有可能导致成品品质达不到预期了。

Q: 根据配方上的时间烤蛋糕，为什么烤不熟或烤焦了呢？

A: 家用烤箱的温度一般采用机械式调温，通常都不太准，即使是同一品牌同一型号的烤箱，每台之间的温度情况都不一样。所以配方的时间与温度仅供参考，需要根据实际情况调整。在烘烤的最后阶段，最好在旁边仔细观察蛋糕的上色情况，保证蛋糕达到合适的烘烤程度。

Q: 为什么我根据配方做出的蛋糕数量和参考分量上的不一样？

A: 每个配方给出的参考分量只供参考，根据模具的大小结果会有所差别。比如小蛋糕的模具，尤其是纸模，规格众多，可装入面糊的量也不一样，比如配方介绍大纸杯 3 个的分量，装入小纸杯则可能做 6 个甚至 12 个。还有，模具的大小改变了，烘烤时间也要相应调整。如果使用比较大的模具，烤的时候需要适当降低温度，并延长烘烤时间。如果使用比较小的模具，则正好相反。

Q: 烤好的蛋糕应该怎么保存？

A: 做好的蛋糕最好放入冰箱冷藏保存。有条件的话，将蛋糕密封起来再放入冰箱冷藏效果更好。黄油蛋糕、布朗尼蛋糕冷藏后会变得比较硬，要吃的时候提前拿出来回温，口感会更好。麦芬蛋糕刚出炉趁热吃口感最好，冷藏保存后，吃之前可用微波炉或烤箱重新加热。

Q: 我烤的蛋糕为什么都不膨胀，发不起来？

A: 检查一下是不是泡打粉失效了或者用量不对。如果是黄油蛋糕，黄油是不是没有打发或者打发过头了。

Q: 我做的蛋糕口感都是干干的，正常吗？

A: 大多时候这种情况的出现是因为烘烤时间太长，蛋糕内部的水分挥发过多，需要减少烘烤的时间。

添加剂并不都是洪水猛兽

❹

烘焙的时候，我们经常会用到食品添加剂。食品添加剂是一个很宽泛的概念，所有为了改善食品品质和色、香、味、形、营养价值，以及为保存和加工工艺的需要而加入食品中的化学合成或者天然的物质，都被称作食品添加剂。我们常用的盐，就是食品添加剂的一种。

添加剂种类很多，既有天然添加剂，也有人工合成添加剂。有些对身体绝对安全，有些则要避免过量食用。但只要是按国家标准添加的食品添加剂，都是可以放心食用的。

因为有了添加剂，糕点才呈现出丰富多彩的面貌——麦芬的膨松细腻，饼干的酥松可口。没有了泡打粉的传统法麦芬不过就是死面疙瘩，而巧克力蛋糕没有了小苏打就失去了黝黑诱人的光泽。

我们在追求美味的同时，更追求健康。本书的所有配方，对于泡打粉等人工添加剂，都尽量避免过多使用，因此，根据本书的配方，可以放心制作你喜欢的糕点。

最后，认识一下本书中会涉及的这两种添加剂吧。

泡打粉

又叫泡大粉、发酵粉、发粉等，英文名叫 Baking Powder，（简称 B.P.），是一种白色的粉末，它通过化学反应释放出二氧化碳气体，让蛋糕或者饼干在烤焙的时候体积膨胀起来。泡打粉是一种复合膨松剂，一般由三个部分组成——碱剂、酸剂和填充剂。碱剂是碳酸氢钠，也就是小苏打。酸剂根据泡打粉的种类不同有很多种，它是调节泡打粉反应快慢的关键。填充剂一般是淀粉，它的作用是防止泡打粉里的碱剂与酸剂吸潮而过早发生反应。

购买泡打粉时，要选择无铝泡打粉。按照配方分量添加，就可以放心食用。

泡打粉

苏打粉

俗称小苏打，英文是 Baking Soda，简称 B.S.，也是一种白色的粉末，它的成分就是碳酸氢钠，水溶液呈弱碱性，在65℃以上会开始分解，并释放出二氧化碳。在烘焙中，小苏打可以调节酸碱度，从而起到调节风味的作用，也作为膨松剂支撑起蛋糕的内部组织，使蛋糕变得膨大、松软。

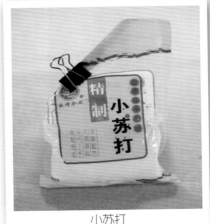

小苏打

掌握 5 个关键，做蛋糕很简单

❺

■ 准确称量

　　不要用目测的方式来取用原材料！每一款西点的配方都会给出原材料的具体分量。准确地称量原料，才能避免失败在起跑线上。

　　一台小巧的厨房秤是称量的最好帮手。不太推荐使用机械秤，不够直观而且比较麻烦。如果使用电子秤，推荐选择最小量程精确到 0.1 克的电子秤，最准确直观。当然，精确到 1 克的电子秤也是可以使用的。

　　称量小分量的原材料，常用到量勺。量勺一套一般为 4 个，分别是 1 大勺（15ml），1 小勺（5ml），1/2 小勺（2.5ml），1/4 小勺（1.25ml）。

　　用量勺称量的时候，如果是液体，直接盛满 1 平勺即可；如果是粉类，先挖一勺，再用手指或刮粉刀将冒尖的粉类刮平。

厨房秤

量勺

1 平勺

■ 粉类过筛

　　面粉、可可粉等粉类在储存过程中难免会结块，因而使用之前通常需要过筛。

　　粉类过筛之后，不仅更加膨松细腻，原先的结块问题也得到了完美的解决。筛出的面粉块，用手指或勺子背在筛网里轻轻碾压，即可通过筛网，重新成为细腻的粉末。

　　如果配方里有多种粉类（如面粉、可可粉、泡打粉），将这些粉类先混合在一起，再过筛。

　　扁桃仁粉等颗粒比较粗大的粉类，用普通粉筛无法过筛，请选择网孔较大的筛网。

　　当我们想在蛋糕、派挞表面筛一层糖粉或可可粉作为装饰的时候，可以借助平时泡茶的滤网，将粉类筛在甜点上！小巧的滤网，能更准确地控制位置与分量。

过筛

■ 烤箱预热

很少有烤箱可以不经预热就烘烤食物的。预热,是烘烤前的重要一步。

预热的方法:将烤箱提前调到指定温度,空烧一会儿,使烤箱的内部温度达到指定温度。比如烤蛋糕,配方要求温度为190℃,在把面糊放进烤箱之前,先将烤箱接通电源,调到190℃,让烤箱空烧一会儿,当烤箱内部达到190℃以后再放入面糊进行烤焙。

预热的时间:若烤箱有加热指示灯,当加热指示灯熄灭,就表示预热完成。若没有加热指示灯,可以观察加热管的状态,当加热管由红色转为黑色的时候,就表示预热好了。根据烘焙温度、烤箱大小的不同,预热的时间也不一样。理论上说,功率越大、体积越小的烤箱预热越快。一般预热需要5~10分钟。

烤箱预热

■ 刮刀翻拌

正确的翻拌是做出成功西点的前提!

当步骤说明里提到"翻拌"一词的时候,我们需要注意,这是一种从底部往上拌匀面糊的方式。将面糊快速地从底部翻起,从而达到混合均匀的目的。在混合面糊的时候,这种手法尤为重要,它能避免面粉起筋,使糕点口感更酥松。如果有打发鸡蛋的操作,"翻拌"也能避免打发好的鸡蛋消泡。

注意,当配方让我们"翻拌"的时候,千万不要画圈搅拌哦!

混合面糊最得力的工具是刮刀。软质的刮刀能贴合搅拌碗,将碗壁上的面糊也刮得干干净净。

图中白色为橡皮刮刀,红色为硅胶刮刀。

翻拌

刮刀

■ 黄油打发

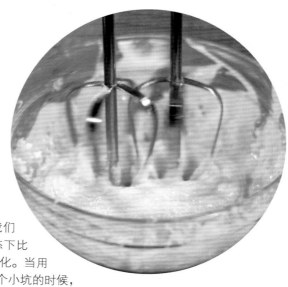

在做黄油蛋糕或者乳化法的麦芬蛋糕时，经常会需要将黄油打发。对于很多看到"打发"二字就觉得困难重重的朋友，对黄油蛋糕也许就会望而却步了。其实，和全蛋及蛋白的打发相比，黄油的打发是异常简单的，完全不需要害怕。

你有没有发现黄油的一个性质：当你把软化的黄油不断搅打的时候，黄油会变得越来越膨松，体积渐渐变大，状态变得轻盈。这是因为黄油在搅打的过程中裹入了空气，换句话说就是黄油被"打发"了。

黄油只有在软化的状态下才能打发。我们知道，黄油是一种固态油脂，在冷藏的状态下比较坚硬，而在室温下放置一段时间后则会软化。当用手指触摸黄油，可以轻松在黄油身上留下一个小坑的时候，就是打发的最佳时间了。千万不要让黄油熔化成液体，液体状态下的黄油是无法打发的。

经过打发的黄油和其他材料拌匀以后，在烤制过程中能起到膨松剂的作用，让蛋糕的体积变大，变得膨松。打发黄油，一般会出现在以下几个场景：

- 制作磅蛋糕（重奶油蛋糕／黄油蛋糕）
- 乳化法制作麦芬
- 制作黄油饼干（如曲奇）

打发的流程都是一致的：黄油软化 → 加入糖、盐开始打发 → 分次加入鸡蛋继续打发

操作要点

1. 黄油至少要软化到可以轻松地捅入一个手指的程度。黄油如果太硬，打发的时候不但阻力大，而且会使整个打蛋盆里黄油四溅。

2. 打发黄油最好用大小合适的打蛋盆，不要用太大的，打发起来不方便。打蛋盆的底部最好具有一定的弧度。

3. 黄油并非打发的时间越长越好。过度的打发会使烤出来的蛋糕塌陷。

黄油打发的大致流程

❶ 首先，称取所需重量的黄油，并把黄油切成小块。

❷ 黄油放在碗里软化。必须软化到可以很轻松地用手把黄油捅一个窟窿的程度。

❸ 软化的黄油加入糖或糖粉、盐（如果配方里有奶粉也可以在这一步加入），然后用打蛋器低速搅打，直到糖和黄油完全混合。

❹ 然后可以把打蛋器的速度调到高速，继续搅打3分钟左右。黄油会渐渐变得膨松、轻盈，体积稍变大，颜色也会稍变浅。

❺ 黄油打发后，有的配方可能会要求加入鸡蛋。在黄油中加入鸡蛋也是很重要的一步，这里需要注意，当鸡蛋的分量较多时必须分次加入，每一次加入鸡蛋都要彻底搅打均匀，直到鸡蛋和黄油完全融合才可以加入下一次。一般情况下，鸡蛋分3次左右加入就可以了。当鸡蛋的分量少于黄油的1/3时，可以一次性将鸡蛋全加入黄油里，不需分次加入。

❻ 鸡蛋和黄油必须彻底融合，不出现油水分离，不出现颗粒，呈现非常轻盈、均匀、细腻的状态。

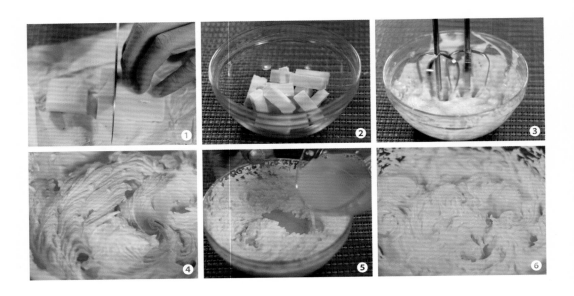

好用的小技巧，让你事半功倍

⑥

■ 面糊倒进裱花袋的方法

做蛋糕的时候，经常会需要把面糊倒进裱花袋里，再挤入模具。

如果你有个帮手的话，可以叫他帮忙撑开裱花袋，你来倒入面糊，非常方便。但并不是所有人都有一个随叫随到的"老公（老婆）牌"侍从，当只有一个人的时候，就只能靠自己了。

用左手做一个手窝，虎口抵住裱花袋中间翻开处内侧，使裱花袋张开，然后用右手端起面糊倒进去——这是最常用的方法。不过，这样的话，一只手被征用了，只剩另一只手倒面糊，非常不方便。

用下面的方法，可以很方便地把面糊倒进裱花袋里

❶ 找一个大口的空容器，杯子、碗等都可以，图中所示的密封罐也是非常好的选择。

❷ 把裱花袋如图所示套在容器口上。

❸ 往里面倒面糊。哪怕是非常稀的不好控制的面糊，也能全部倒进去。

❹ 把裱花袋提起来，把底部的开口剪开，就可以挤出面糊啦。

❺ 如果你的裱花袋上还装有裱花嘴，害怕倒面糊的时候面糊从裱花嘴里漏出去的话，可以像图中一样把裱花袋从底部拧紧，再套到空容器上去，就完全没有问题了。

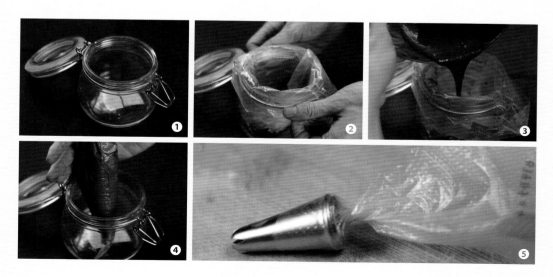

■ 模具的防粘处理

烤出漂亮的蛋糕是一件愉快的事，但如果满怀期待烤出来的蛋糕，因为脱模困难而导致外观破损，可就不怎么愉快了。因此，蛋糕模具的防粘显得十分重要（当然，如果使用一次性纸杯蛋糕模烤蛋糕，就不在讨论范围之内了）。

蛋糕模具有金属和硅胶之分。金属模具有防粘模具和不防粘模具之分，而硅胶模具则普遍具有防粘功能。

当使用具有防粘功能的模具烤蛋糕时，一般情况下是不需要采取特别的防粘措施的，蛋糕烤好后会很容易脱模。但有的时候我们使用某些花式模具，希望烤出的蛋糕能保持非常完好的花纹，还是会在模具上薄薄涂一层黄油，使它的防粘性更好。这也是我们制作玛德琳蛋糕时，在硅胶模具上薄薄涂一层黄油的原因。

如果模具本身不具有防粘功能，在烤蛋糕之前需要对模具进行处理。

一般情况下，可以按照下面的步骤进行

❶ 黄油加热熔化成液态以后，用毛刷蘸黄油，刷在模具内壁上（也可以把黄油直接软化后涂抹在模具内壁上）。

❷ 在刷了黄油的模具内撒上一些干面粉。

❸ 轻轻摇晃模具，使面粉均匀地粘在模具内壁上。

❹ 倒出多余的面粉，模具就处理好了，可以装入蛋糕面糊了。

进行防粘处理时，需注意几个问题

① 黄油如果换成植物油，也同样有防粘功能，但是防粘性没有黄油好。面粉也可以不撒，比如烤黄油蛋糕，本身粘模的情况就不严重，那么只要在模具上涂一层黄油就足够了。一般来说，这几种防粘方法的防粘效果由强到弱排列如下：涂黄油＋撒面粉＞只涂黄油＞只涂植物油。

② 不管模具的大小，采取的防粘措施都是一样的。右边两张图分别是涂了黄油的小布丁模，以及个头较大的涂了黄油并撒了面粉的蛋糕圆模。

③ 有些类型的蛋糕不能采取防粘措施，比如戚风蛋糕，它在烤制的过程中需要依靠模具的附着力才能充分膨胀。虽然这类蛋糕并不在本书的介绍范围内，但也有必要提一下，请读者稍加注意。

■ 巧克力屑怎么削？

巧克力屑是一种很不错的装饰材料，在平凡无奇的蛋糕上撒上一些巧克力屑，蛋糕可能立刻就会变得漂亮许多。做黑森林蛋糕的时候，巧克力屑更是不可或缺。

不过，削巧克力可是件麻烦事，有没有什么好方法呢？往下看吧！

❶ 把巧克力切成小块，放进碗里，隔水加热并不断搅拌，使巧克力熔化。把熔化的巧克力倒入一个大的平盘里。

❷ 耐心等待平盘里的巧克力液凝固变硬。

❸ 待巧克力凝固后，用勺子在上面刮一刮，漂亮的巧克力屑就出现了。

❹ 刮下来的巧克力屑如图所示。

操作要点

1. 熔化巧克力的时候，温度不能太高，同时注意巧克力碗里不能有水，1 滴水就足以破坏巧克力的质地，使它结块而无法熔化。

2. 想要大片的巧克力屑，就用比较大的勺子刮。相反，想要小片的巧克力屑用小勺子刮。勺子最好选择金属材质的。

3. 巧克力凝固程度不同，刮出来的效果也不一样。巧克力已凝固但不是特别硬的时候，刮出来的巧克力屑是较长的条；巧克力凝固到很硬的时候，刮出来的屑就比较细碎易断。因此在巧克力开始凝固后，可以随时刮一刮，找到自己最喜欢的效果。

■ 蛋糕怎么切才整齐?

做完蛋糕以后，除了想着怎么把蛋糕装饰得更加漂亮，我们还会考虑一个重要的问题：到底应该怎么切蛋糕，蛋糕的切面才会整整齐齐，而不是坑坑洼洼的呢？这个问题其实很简单，一句话就可以解答了。

切不同的蛋糕，用不同的刀具

那么，到底什么样的蛋糕，用什么样的刀具呢？通常可以归结为三种情况，下面我们就分别来说说。

长锯齿刀

长锯齿刀是切蛋糕时用途最广泛的一种刀具。一般来说，戚风蛋糕、海绵蛋糕、黄油蛋糕等一系列的蛋糕，都是用它来切块的。

蛋糕具有膨松且比较柔软的组织。如果用一般的刀直接往下切，刀的力会将蛋糕压扁，同时因为受力不均匀，蛋糕很难被切得整齐。用锯齿刀并采用"锯"的方式将蛋糕切块，问题就能够得到解决了。

另外，长锯齿刀通常还用来切面包，尤其是将吐司切片，它可是能手哦！需要注意的是，吐司刚出炉的时候非常柔软，这时不易切块，放置几个小时以后再切，会切得更加整齐。

除了戚风蛋糕、黄油蛋糕等蛋糕之外，其他种类的蛋糕又用什么刀切呢？多用刀就可以胜任。

多用刀

多用刀适合切重芝士蛋糕（如南瓜芝士蛋糕）、慕斯蛋糕，以及用传统法制作的浓郁的布朗尼蛋糕等。重芝士蛋糕和慕斯蛋糕内部组织不像普通蛋糕那样膨松多孔，所以用刀直接切下去就可以了。但切这类蛋糕最大的问题是粘刀，一刀下去，切面往往惨不忍睹。

切这类蛋糕的时候，可以先把刀放在火上烤一会儿。将刀烤热，趁热切下去，蛋糕就不会粘刀了。每切一刀，都要把刀擦拭干净，并重新烤热再切下一刀，这样就能很轻松地把蛋糕切成想要的份数。

细锯齿刀

除此之外，还有一些蛋糕的质地比较松散，或者个头很小，如果用普通的长锯齿刀来切，可能会导致蛋糕不平整或者掉渣。这时候，可以选择锯齿更细的细锯齿刀。

细锯齿刀做这项工作非常拿手，哪怕是非常小的蛋糕，它也能切得整整齐齐。如果你突然想把小巧的麦芬蛋糕切开的话，它就能派上用场。

还有一类蛋糕用它切尤其方便，那就是轻芝士蛋糕。轻芝士蛋糕也属于膨松多孔的蛋糕，但它比一般的蛋糕还要湿润和柔嫩，用普通锯齿刀很容易伤害到"娇嫩"的它，但用细锯齿刀就完全不用担心这个问题了。

现在，我们回顾一下这三类刀具

长锯齿刀

　　适合切戚风蛋糕、海绵蛋糕、黄油蛋糕等绝大多数蛋糕。

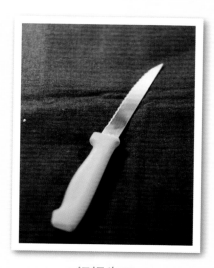

细锯齿刀

　　适合切轻芝士蛋糕，以及质地松散或者个头较小的蛋糕（如本书的大部分麦芬蛋糕以及栗子蛋糕）。

多用刀

　　也叫中片刀，适合切重芝士蛋糕、慕斯蛋糕以及用传统法制作的布朗尼。

TIPS

最后，还有几个小贴士，也请注意哦！

1. 重芝士蛋糕、轻芝士蛋糕、布朗尼蛋糕等，在刚出炉的时候都非常脆弱娇嫩，内部很黏腻。这个时候的蛋糕是不容易切块的。所以，这类蛋糕都要在冰箱冷藏 4 个小时以上再切块。

2. 传统的布朗尼是不打发鸡蛋，也不打发黄油，更不添加泡打粉之类的膨松剂制作而成的。如果你做的布朗尼是打发了原料而做出的，质地更类似普通蛋糕，则更适合用锯齿刀来切。

3. 有很多蛋糕是用奶油霜来装饰的表面和夹层。这类蛋糕在切之前，放进冰箱冷冻室冻十多分钟，等奶油霜遇冷变硬后再取出来切，切面会更加整齐漂亮（如柠檬奶油蛋糕）。

■ 自制锡纸模

　　读者朋友们一定注意到了，在本书里，常会有使用到方形烤盘的时候。如巧克力方形乳酪蛋糕、尊享布朗尼等，都需要将面糊放在方形烤盘中烤制。而大多数时候，我们并没有一个正好符合尺寸的方形烤盘，这个时候可以尝试自己动手，用锡纸制作一个方形烤盘。

　　锡纸属于烘焙常备的工具之一，随手可得，用来制作锡纸模非常方便，而且它的灵活性很大，只要事先用尺子量一量，就可以随意制作自己所需尺寸的锡纸模。

　　但一定要注意的是，锡纸模不是万能的，因为锡纸本身很软，无法承载太厚的面糊，所以只有在烤薄片蛋糕的时候才能用，制作比较厚的蛋糕就不能使用它了。

制作方法

❶~❷ 取一张锡纸，将 4 条边分别在距边缘约 3cm 处向内折起。

❸~❻ 得到 4 条折痕后，顺着折痕将四边立起来，就得到一个超级方便的自制锡纸模了。

TIPS

1. 需要再次强调，自制锡纸模非常脆弱，无法用于制作较厚的蛋糕，只适用于薄片蛋糕。

2. 可以根据自身的需要灵活制作大小适宜的方模。

3. 为了制作稍微坚固一些的方模，可以把 2~3 张锡纸叠在一起来制作。

4. 锡纸模是一次性的，使用过一次后就会因为变形而无法再次使用。

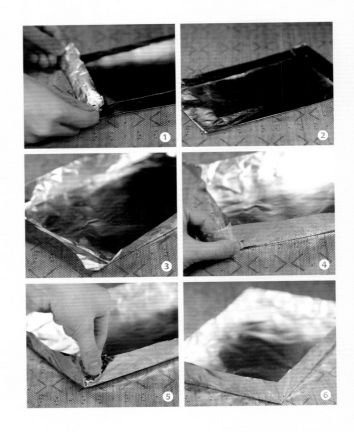

Part 2

麦芬蛋糕

先懂基础 最易上手的麦芬蛋糕

提起最简单、最易上手、制作最快捷的蛋糕，不得不提麦芬蛋糕。

麦芬蛋糕，英文名为 Muffin，中文又叫玛芬蛋糕、妙芙蛋糕等。因为它的简单，也让它成为了本书第一个要介绍给大家的蛋糕。

麦芬蛋糕一般做成杯子状，把做好的蛋糕面糊装入各种各样的小纸模烘烤出来，小巧漂亮惹人喜欢。花上半个小时的工夫，做几个热乎乎的麦芬蛋糕作为早餐或者下午茶点，不但是一种非常好的享受，而且有亲朋好友在的话，他们会认为你非常能干哦。

根据制作方法的不同，麦芬蛋糕可以分为传统法麦芬和乳化法麦芬

传统法麦芬是最简单的一类，制作起来不需要任何的复杂操作，只需要把原料按照配方的说明混合在一起就可以了，完全依靠泡打粉一类的膨松剂以及蛋糕内部水分产生的蒸汽让蛋糕膨胀起来，并形成松软的组织。

而乳化法麦芬稍微复杂一点，需要先打发黄油，并让鸡蛋和黄油充分乳化，再添加面粉类的配料拌匀成面糊。

传统法与乳化法在效果上有什么区别？

传统法麦芬，顾名思义，是用最传统的方法制作麦芬蛋糕，这类麦芬蛋糕的组织相对来说较为粗糙，并不像一般意义上的蛋糕那么细腻，但胜在简单、快捷，而且热量也相对较低。

乳化法麦芬的口感比传统法麦芬要细腻，非常接近黄油蛋糕，但其水分含量比黄油蛋糕更高，脂肪含量更少，因此乳化法麦芬仍属于麦芬的范畴，而不属于黄油蛋糕。

在本书里，无论传统法麦芬还是乳化法麦芬，都提供了几种配方供大家试验，同时大家也可以在制作过程中去细加体会，更直观地了解两种制作方法的区别。

操作要诀 传统法麦芬，简单搅拌也有学问

亲爱的读者朋友们，当你们翻到这一页，我们就要开始正式体验一场神奇的蛋糕之旅了。旅途的第一站就是马上要登场的——传统法麦芬蛋糕。

你应该已经了解了，麦芬蛋糕是最简单的蛋糕之一，而传统法麦芬又是麦芬蛋糕里制作最简单的蛋糕，所以，哪怕你是从来没有过蛋糕制作经验的人，是不是也已经充满信心了呢？没错，我们接下来要做的事情，就是这么简单：

把油、鸡蛋、牛奶、糖等材料放在一个碗里混合，把面粉、泡打粉等材料放在另一个碗里混合，然后，把两种混合物搅拌均匀，装入到小蛋糕模里，放烤箱烘烤。OK，完成了！只需要短短半个小时，我们就可以吃到自己亲手烤制的热乎乎的蛋糕了。这不是奇迹，这只是我们用双手变化的一个小小的魔法。

传统法麦芬虽然很简单，但是，你在制作过程中也许还是会产生一些小小的疑问。当你遇到疑问的时候，不妨看看下面的内容，尤其是当你已经熟悉了后几页一些具体品种的麦芬蛋糕制作流程后，再回过头来看看下面的文字，会有更深的体会。

注意事项

1. 一般情况下，我们把干性材料（面粉、泡打粉、可可粉）筛分在一起，湿性材料（蛋、奶、油）混合在一起，然后两者混合拌匀成为面糊。需要注意的是，糖虽然是干性材料，我们一般将它先和湿性材料一起混合均匀。因为糖不易过筛，所以先和干性材料混合反而不太方便。

2. 干性材料和湿性材料各自混合以后，能分别放置较长时间。如果混合到一起成为面糊后，就要尽快烘焙，这样烤出来的蛋糕膨胀得才比较好。

3. 干性材料和湿性材料混合在一起的时候，拌匀到面粉全部湿润就可以了。这个时候虽然面糊看上去比较粗糙多块，但也不要继续再拌了，拌得过久会使蛋糕的口感粗糙。

4. 做麦芬蛋糕，可以选择的模具非常多，各种纸模的规格大小也不一样，所以配方里给出的参考分量只能作为参考，它和我们实际做出来的数量可能不一样。所用的模具大，做出来的数量就少，烤的时候温度也要稍微降低一点，并把时间适当延长。所用的模具小，则正好相反。

5. 所有传统法麦芬蛋糕配方里的玉米油，都可以换成黄油，也可以换成其他无味的植物油（如葵花籽油）。如果换成黄油，则需要先把黄油隔水加热熔化成液体再用。使用黄油会使做好的蛋糕具有黄油的香味。

6. 如果希望烤出来的麦芬鼓起一个大大的蘑菇顶，可以在模具里把面糊装得满一点（使用独立纸杯制作时，不要超过八分满）。烤的温度要把握好，不能太高，否则麦芬表面凝固太快，无法继续长高，而内部的面糊膨胀起来，会顶破表面流出来，甚至流到烤盘上。当使用蛋糕连模时，我们可以借助模具对蛋糕边缘的依托作用，来烤出拥有更大蘑菇顶的蛋糕，详见30~36页的4种大蘑菇顶麦芬。

香草牛奶麦芬

| 🔘 烤箱中层 | 🔥 上下火 180℃ | 🕐 20~30 分钟 |

君之说风味

✿ 这是最简单也最基础的一种传统法麦芬蛋糕。只需要将干性材料和湿性材料分别混合均匀，再混合到一起拌匀即可，无需任何多余的操作。

✿ 以这款麦芬作为基础，可以衍生出多种口味的麦芬蛋糕，你可以在面糊里加入自己喜欢的干果，也可以用橙汁代替牛奶，做出不同口味的麦芬蛋糕。

配料　参考分量：大纸杯 3 个

低筋面粉	100g
细砂糖	30g
无铝泡打粉	1 小勺（5ml）
盐	1/4 小勺（1.25ml）
全蛋液	20g
牛奶	80g
玉米油	30g
香草精	1/4 小勺（1.25ml）

制作过程

混合湿性 & 干性材料

❶ 把全蛋液、玉米油、香草精、牛奶这些湿性材料倒入大碗。

❷ 再加入细砂糖和盐，搅拌均匀。

❸ 另外，把低筋面粉和泡打粉这些干性材料混合后过筛。

❹ 把过筛后的干性材料倒入湿性材料里。

翻拌

❺ 用橡皮刮刀翻拌均匀（从底部往上拌，不要画圈搅拌），拌到面粉全部湿润即可。此时面糊虽然看上去比较粗糙且多块，但切勿继续翻拌了。

装模，烤焙

❻ 把拌好的面糊装入裱花袋，挤入纸杯模具，2/3 满。然后放入预热好 180℃ 的烤箱，中层，上下火，烤 20~30 分钟，直到表面完全膨胀，并呈现金黄色即可出炉。

操作要点

干性材料和湿性材料混合以后，不要过多地翻拌，否则面粉起筋后，将影响麦芬的口感。而且，混合后的面糊最好马上烘焙，若放置时间过长，麦芬可能会无法充分膨胀。

全麦麦芬

🕐 烤箱中层　🔥 上下火 180℃　🕐 20~30 分钟

君之说风味

❋ 这是一款口感非常柔软的麦芬蛋糕。同时因为加入了全麦面粉和红糖，所以也是一款营养丰富且风味独特的麦芬蛋糕。

配料　参考分量：大纸杯 4 个

低筋面粉	55g
全麦面粉	45g
无铝泡打粉	1/2 小勺（2.5ml）
小苏打	1/4 小勺（1.25ml）
全蛋液	25g
红糖	60g
玉米油	50g
牛奶	125g
盐	1/4 小勺（1.25ml）

制作过程

混合湿性 & 干性材料

❶ 把全蛋液、玉米油、牛奶、红糖、盐倒入大碗。
❷ 将第 ❶ 步的混合物搅拌均匀。
❸ 把低筋面粉和泡打粉、小苏打这些干性材料混合过筛后，再和全麦面粉混合均匀。
❹ 把混合后的干性材料倒入湿性材料里。

翻拌

❺ 用橡皮刮刀翻拌均匀（从底部往上拌，不要画圈搅拌），拌到面粉全部湿润即可。此时面糊虽然看上去比较粗糙且多块，但切勿继续翻拌了。

装模，烤焙

❻ 把拌好的面糊装入裱花袋，挤入纸杯模具，2/3 满。然后放入预热好 180℃ 的烤箱，中层，上下火，烤 20~30 分钟，直到表面完全膨胀，并呈现棕红色即可出炉。

操作要点

因为全麦面粉里含有麸皮成分，不易过筛，所以混合过筛的时候没有将所有干性材料一起过筛，而是先将低筋面粉、泡打粉、小苏打过筛后，再和全麦面粉混合。

草莓麦芬

🔘 烤箱中层　🔥 上下火 180℃　🕐 20~30 分钟

君之说风味

✱ 肉桂粉是西餐及甜点里常用的一种调味品，是由肉桂的干皮制成的粉末，又称玉桂粉。它能给甜点带来一种特殊的香气，尤其是和水果类的甜点搭配效果绝妙。肉桂粉在一般的大型超市有售。

配料　参考分量：大纸杯 4 个

低筋面粉·····················100g
红糖························60g
全蛋液······················20g
牛奶·······················80g
新鲜草莓····················80g
玉米油······················30g
无铝泡打粉········· 1 小勺（5ml）
肉桂粉········· 1/4 小勺（1.25ml）
盐············· 1/4 小勺（1.25ml）

制作过程

混合湿性 & 干性材料

❶ 把全蛋液、玉米油、牛奶这些湿性材料倒入大碗，再加入红糖和盐，搅拌均匀。

❷ 新鲜草莓洗净切成小丁，倒入第❶步的混合物里，搅拌均匀。

❸ 另外，把低筋面粉和泡打粉、肉桂粉这些干性材料混合后过筛。

❹ 把过筛后的干性材料倒入湿性材料里。

翻拌

❺ 用橡皮刮刀翻拌均匀（从底部往上拌，不要画圈搅拌），拌到面粉全部湿润即可。此时面糊虽然看上去比较粗糙且多块，但切勿继续翻拌了。

装模，烤焙

❻ 把拌好的面糊装入裱花袋，挤入纸杯模具，2/3 满。然后放入预热好 180℃的烤箱，中层，上下火，烤 20~30 分钟，直到表面完全膨胀，并呈现棕红色即可出炉。

黑加仑麦芬

🍩 烤箱中层　🔥 上下火 180℃　🕐 约 15 分钟

君之说风味

✿这是一款非同一般的传统法麦芬，增加了鸡蛋含量，并加入了大量动物性淡奶油以及果酱，使它具有了普通传统法麦芬不具备的润泽、细腻的口感。

✿根据自己的喜好更换果酱的种类（如草莓果酱、蓝莓果酱、杏果酱等），可以制作出各种口味的麦芬。

配料　参考分量：小硅胶连模 12 个

低筋面粉·····················100g
黄油·························· 50g
全蛋液········· 50g（约 1 个鸡蛋）
细砂糖····················· 60g
动物性淡奶油················ 50g
朗姆酒····················· 15g
黑加仑果酱················· 50g
盐············· 1/4 小勺（1.25ml）
无铝泡打粉········· 1 小勺（5ml）

制作过程

混合湿性 & 干性材料，翻拌

❶ 把全蛋液、淡奶油、朗姆酒、熔化成液态的黄油倒入大碗里，再加入细砂糖、盐，搅拌均匀。

❷ 低筋面粉和泡打粉混合过筛。

❸ 把过筛后的粉类混合物倒入第❶步的混合物里，用橡皮刮刀翻拌成湿润的面糊。

拌果酱

❹ 加入黑加仑果酱，用橡皮刮刀拌匀。不需要拌得十分均匀。

装模，烤焙

❺ 把面糊装入模具，2/3 满，放入预热好 180℃的烤箱，中层，上下火，烤 15 分钟左右，直到表面充分膨胀，呈金黄色即可出炉。

君之说风味

❉ 刚出炉的麦芬，外酥内软，十分可口，是一道可以趁热吃的点心。冷却后可以用微波炉加热食用，同样十分松软（但表面的酥粒就不酥了）。

操作要点

很多朋友都想在家烤出有大大蘑菇头的麦芬，其实做起来并不难。我们首先要明白，大大的蘑菇头是怎么来的。麦芬在烘烤过程中，面糊膨胀，会向四周蔓延，当被模具托住，烘烤定型后，就形成了蘑菇头。这其中，有4个关键点：

1. 必须用蛋糕连模来烘烤，才能给"蘑菇头"提供依托。单个的纸杯是不行的。

2. 面糊必须具备足够的膨胀力，膨胀力来源于两方面：足够的膨松剂（泡打粉）以及正确的烘烤温度（温度不能太高，不然面糊表面太快定型就难以向四周扩散形成大蘑菇头，反而会高高地向上鼓起并爆炸得很厉害）。泡打粉是麦芬膨胀的最主要因素，所以配方中泡打粉的用量不能减，不然麦芬就无法顺利膨胀。选择无铝泡打粉，并且在配方用量内添加，是可以放心食用的。

3. 面糊一定要填满。制作蘑菇头麦芬，要打破常规制作麦芬的认识，将面糊装入模具的时候，必须要满！满！满！面糊要高出模具，不是传统制作麦芬的七八分满，也不是九分满，而是爆满！

4. 配方比例也很重要，面糊要足够湿润柔软，但又不能太稀，要饱含水分及油脂，才能在膨胀的同时保持松软的口感。

蓝莓大麦芬

> 🍞 烤箱中下层　🔥 上下火 175°C　🕐 约30分钟

配料　参考分量：3个

蛋糕体

低筋面粉	125g
黄油	55g
动物性淡奶油	75g
全蛋液	40g
细砂糖	45g
无铝泡打粉	4.5g
新鲜蓝莓	80g

酥粒

低筋面粉	20g
黄油	12g
糖粉	12g

制作过程

制作酥粒

❶ 把切成小块的黄油（无需软化）和糖粉、低筋面粉混合，然后用手快速搓匀，搓成如图所示的粗粒状即可。搓好的酥粒放一边备用。

★酥粒不要搓太长时间，以免温度上升。

制作麦芬面糊

❷ 淡奶油、打散的全蛋液、细砂糖在大碗里混合，然后将黄油切成小块，隔水加热或用微波炉加热，使之成为液态。液态的黄油倒入刚刚混合好的淡奶油混合液中，并搅拌均匀，成为液体混合物。

❸ 将面粉和泡打粉充分混合后过筛，筛入液体混合物里。

❹ 用刮刀快速翻拌均匀。

★注意，不要拌得过度，只要拌到粉类完全湿润，没有干面粉的状态就可以。尽管此时面糊看上去很粗糙，但切记不要继续拌了。

❺ 倒入新鲜蓝莓（留十多颗备用），稍稍拌几下即可，不要拌得过度。到这里麦芬面糊就已经做好了。

装模，烤焙

❻ 将麦芬纸托放入模具里（我们通常用的 6 连模间距比较小，烤这种蘑菇头麦芬需要交错放，一次只能烤 3 个，不然距离不够会挤到一起）。

❼ 将面糊放入裱花袋，挤入模具内的纸托里（推荐用裱花袋来挤，这样才能更均匀地将面糊装入模具。如果用勺子挖或者直接倒，都很难做到这么均匀。如果面糊不均匀，烘烤出来的麦芬就容易出现顶不齐、歪顶、一边大一边小等情况）。

★重点：面糊不仅要挤满模具，还要高于模具。还没有烤的时候就要达到普通麦芬烘烤后的高度！

❽ 将剩下的蓝莓放在表面（蓝莓放的时候要往面糊里压一压，使蓝莓的一半进入到面糊里，而不是直接放在面糊表面）。然后将酥粒撒在表面。酥粒要多撒、撒厚一些，配方中的酥粒要全部用完。

❾ 撒好以后，用刷子扫去周围散落的酥粒，就可以烘烤了。将其放入预热好175℃的烤箱，上下火，烤30分钟左右（模具放在烤盘或烤网上，放入烤箱中下层，保证麦芬在烤箱中大体上处于中间位置）。

❿ 烤到麦芬完全膨胀起来，表面呈金黄色出炉。可以看出麦芬表面在烘烤的过程中充分膨胀，形成了大大的蘑菇顶。等稍冷却以后即可脱模。

★烘烤的火候非常重要，温度不要太高，以免表面太快形成硬壳。如果表面太快形成硬壳，麦芬就很难继续往四周膨胀形成蘑菇顶，而是会向上爆开、严重开裂。请根据自己烤箱的实际温度来调整烘烤时间（如果麦芬爆得很厉害，下次就需要降低烘烤温度）。

君之说风味

❈ 蘑菇头版的香蕉大麦芬，制作过程依旧是超级简单，但这次得到的，可是超级松软的麦芬哦。柔软绵润的质地，带着浓郁的香蕉味道，不信你不喜欢。

操作要点

1. 麦芬面糊的制作不用多说，非常简单，只要将材料按部就班地拌匀就好了。面糊做好以后不要放置太长时间，要尽快烘烤。通常来说当你把所有材料都准备好以后就可以预热烤箱了。面糊制作非常快，做好以后烤箱也差不多预热好了。

2. 这个配方可以烘烤出 3 个大麦芬。必须用麦芬连模才可以烤出蘑菇头形状的麦芬（要依靠模具的边缘将面糊托起）。如果你用的是那种独立的纸杯来烤，那么面糊装到八分满就可以了，烘烤时间也要相应缩短。

3. 请根据实际情况来调整烤箱的温度。如果温度过高，烘烤的时候表面会太快定型（会爆炸得很严重），也会上色太快。

4. 如果想大量制作，不要将面糊一次性做出来，因为面糊不能长时间放置。可以在上一炉快要出炉的时候再准备新的面糊，以保证面糊做好以后可以尽快放入烤箱。

香蕉大麦芬

🕐 烤箱中层　🔥 上下火 170℃　🕐 约 23 分钟

配料 参考分量：3 个

低筋面粉·······················100g	香蕉（去皮）···············150g
玉米淀粉··························8g	细砂糖·························65g
奶粉······························8g	盐······························1g
全蛋液···························30g	无铝泡打粉·····················5g
植物油···························50g	核桃仁······ 适量（表面装饰用）

制作过程

准备工作

❶ 首先处理香蕉。为了让麦芬拥有足够浓郁的香蕉香味，我们需要选用熟透的香蕉。将香蕉去皮掰成小段放入碗里，用打蛋器的均质棒将香蕉压碎。压得差不多以后，再开动打蛋器，高速搅打片刻，使香蕉成为泥状。

★我这次使用的是打蛋器配的均质棒。如果没有的话用其他工具（如勺子背、擀面杖）将香蕉捣成泥也可以，尽量捣得细腻一些。

混合湿性 & 干性材料，翻拌

❷ 在香蕉泥里加入奶粉、细砂糖、盐、植物油、打散的全蛋液。

★要选择没有特殊气味的植物油，比如葵花籽油、玉米油。不要选花生油、橄榄油之类味道重的油，会破坏麦芬的味道。

★也可以用等量黄油代替植物油。黄油加热熔化成液态使用。

❸ 充分搅拌均匀，成为液体混合物。

❹ 低筋面粉、玉米淀粉、泡打粉混合均匀以后过筛，筛入液体混合物中。

★传统法麦芬必须依靠泡打粉的膨松作用才能形成松软细腻的组织，所以泡打粉是不能省略的。

❺ 用刮刀翻拌均匀。拌到粉类和液体混合物混合均匀，没有干粉就可以停止了，不要拌得过度（即使这时候的混合物看上去比较粗糙，也不要继续拌了）。

装模，烤焙

❻ 将纸托装入麦芬连模。将面糊装入裱花袋，然后挤入纸托里。要烤出蘑菇头的形状，面糊要装到十二分满，满到从边缘溢出来的程度。这个配方的面糊差不多能制作 3 个大麦芬。

★面糊要满到溢出来；家用的 6 连模具一次只可以烤 3 个，纸托要交错地放入模具里。

❼ 最后，在表面放一些碎核桃仁作为装饰。放入预热好 170℃ 的烤箱，中层，上下火，烤 23 分钟左右。直到麦芬充分鼓起，表面呈浅金黄色。牙签扎入麦芬中心，拔出的牙签上没有残留物，就表示烤熟了。

君之说风味

❀ 我尝试过很多配方比例，这款巧克力大麦芬，特别推荐大家试试。它可以说是超级地松软可口了，而且制作简单快捷，如果你动作够快，现在动手，半个多小时以后就可以吃上了。

操作要点

1. 如果想要做出来的麦芬有个高高的顶部，必须把面糊挤得够满，而且需要用蛋糕连模来做，使面糊在烘烤过程中边缘能有依托。如果你用的是独立纸杯，那么面糊就不能装得太满，七分满即可，不然面糊溢出会随着杯壁流下去。用独立纸杯是烤不出成品图里这种大蘑菇头的。

2. 如果不想做巧克力口味的，可以将可可粉替换成等量低筋面粉，将巧克力豆换成新鲜蓝莓或者蜜红豆、泡软的葡萄干等，制作其他口味的麦芬，同样松软可口。

3. 麦芬出炉冷却后，密封常温保存，2 天内食用完毕。如果放入冰箱冷藏，吃之前需要让蛋糕恢复室温。用微波炉或烤箱重新加热后食用，会更松软可口。

巧克力大麦芬

● 烤箱中层　🔥 上下火 180℃　🕐 20~25 分钟

配料　参考分量：3 个

低筋面粉	65g	牛奶	60g
可可粉	12g	盐	1g
黄油	45g	无铝泡打粉	3g
细砂糖	45g	耐烘焙巧克力豆（或切碎的黑巧	
全蛋液	40g	克力）	35g

制作过程

混合湿性 & 干性材料

❶ 首先将鸡蛋打散，称取 40g 全蛋液。

❷ 在全蛋液里加入盐、细砂糖、牛奶、熔化成液态的黄油，并充分搅拌均匀。
★黄油隔水加热或者用微波炉加热熔化成液态即可。也可以用等量植物油（玉米油）代替。用黄油制作的蛋糕香味更浓郁。

❸ 低筋面粉、可可粉、泡打粉混合后过筛，筛入上一步做好的液体混合物中。
★泡打粉是使麦芬膨胀起来的必要材料，不能省略。

❹ 搅拌均匀，使粉类和液体混合物完全混合即可。只要拌到完全混合，没有干粉的程度就可以了，不要过度搅拌。

❺ 最后，加入巧克力豆拌匀，面糊就做好了。
★如果没有耐烘焙巧克力豆，直接把黑巧克力切成小块加入也可。

装模，烤焙

❻ 将面糊装入裱花袋挤入模具里。用我们最常用的蛋糕 6 连模，这些分量的面糊可以制作 3 个蛋糕，交错挤到模具里（模具里放上蛋糕纸托）。

❼ 如果想做出有着高高顶部的大麦芬，面糊要挤满模具，挤到图中所示的程度。

❽ 放入预热好 180℃的烤箱，上下火，中层，开始烘烤。烘烤的时候面糊会溢出，并向模具四周摊开。
★这也是为什么只错开挤 3 个蛋糕的原因，不然面糊摊开后相邻的蛋糕会挤在一起，影响外观。

❾ 随着烘烤的继续，面糊会向上顶起，逐渐形成高高鼓起的蘑菇头。整个烘烤过程需要 20~25 分钟。用牙签扎入蛋糕中心，拔出的牙签上没有湿面糊残留，就表示内部已经完全烤熟，可以出炉了。

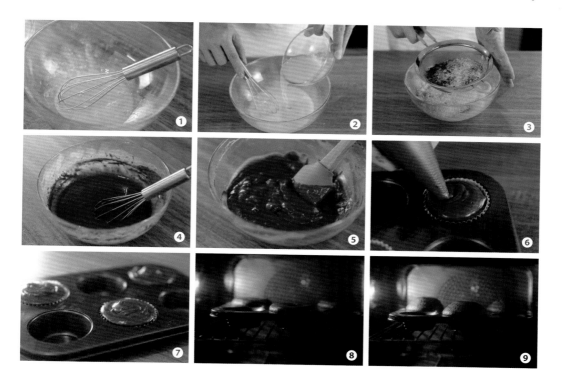

❀ 这又是一款快手蛋糕，除了蒸南瓜花去的时间，剩下的工序几分钟就足够了。而南瓜，给这道麦芬蛋糕带来的，除了金灿灿的色泽，还有超级松软的口感。

操作要点

1. 虽然说酥粒可以省略，但是美味的酥粒不仅提升了南瓜大麦芬的口感，也让麦芬看上去更漂亮、更能增进食欲，而且酥粒做起来很快，所以能不省还是不要省。

2. 泡打粉是麦芬膨胀起来的必要膨松剂，所以不能省略哦。

3. 麦芬面糊做好以后，不要放置太长时间，尽快烘烤。

4. 这个配方虽然只做了 3 个麦芬，但个头足够大，吃一个就很有满足感了！如果你想做更多，可以将配方分量翻倍。但如果你用的是像我这种 6 连模，因为孔距太近，所以还是建议像我一样，交错地挤入面糊，一次烤 3 个。如果烤 6 个会太满了，蘑菇头会挤到一起（当然，你也可以用 12 连模一次烤 6 个）。

5. 麦芬面糊的制作非常快，所以如果不是一次性烘烤的话，不需要一次性把 6 个蛋糕量的面糊都做出来。材料准备好以后，等上一炉快出炉了再准备下一炉的面糊就来得及。

南瓜大麦芬

🔘 烤箱中层　🔥 上下火 175℃　🕐 25~30 分钟

配料　参考分量：3 个

低筋面粉·····················100g
奶粉···························10g
植物油（或熔化成液态的黄油）
·····························60g
全蛋液········50g（约 1 个鸡蛋）
细砂糖·························45g
南瓜泥·······················100g
无铝泡打粉·······················4g

酥粒

黄油····························6g
糖粉····························6g
低筋面粉·························10g

制作过程

制作南瓜泥

❶ 将南瓜去皮去瓤切成小块（南瓜可以多准备一些，准备 200g 左右）。

❷ 将南瓜用微波炉高火加热 8 分钟左右，或用蒸锅蒸 15 分钟左右，直到南瓜变得软烂（软烂的标准是，用刮刀轻轻压一下就可以压烂）。

★无论是用微波炉还是用蒸锅，都要用耐高温保鲜膜或盖子将南瓜碗盖上（保鲜膜上扎一些孔出气），尤其是用蒸锅，如果不盖上盖子或密封住，会导致南瓜里进入过多的蒸汽，变得水分太大。

❸ 南瓜冷却后，用刮刀将南瓜压成南瓜泥（南瓜变得足够软烂时，很容易就能被压成南瓜泥了。尽量压得细腻一些）。

制作面糊

❹ 取一个大碗，在里面加入除低筋面粉和泡打粉以外的所有材料（全蛋液、奶粉、细砂糖、植物油、南瓜泥）。

★南瓜泥称量 100g 加入，多余的南瓜泥就不要加进去了，可以直接吃掉。

★奶粉用普通的全脂奶粉即可。奶粉可以增加香味、提升口感，不建议省略。

❺ 将其彻底搅打均匀，成为液体混合物。

❻ 低筋面粉和泡打粉混合过筛，筛入液体混合物里。

❼ 将其拌匀，成为蛋糕面糊。

★不要过度搅拌，只要拌到粉类和液体混合物充分混合即可。

装模，做酥粒，烤焙

❽ 纸杯放入模具里，然后将面糊用裱花袋挤入纸杯里，十二分满。

★用裱花袋能更方便地将面糊挤入纸杯里。挤到十二分满，才能得到表面鼓得高高的、饱满的蘑菇头麦芬。你也可以挤到七八分满，得到一个普通大小的圆顶麦芬（烘烤时间需要相应缩短）。

❾ 准备酥粒：黄油切小块（不需要软化），与低筋面粉、糖粉混合，然后用手快速地捏、搓，使它们成为图中所示的颗粒状。

★酥粒的分量比较少，制作也很快，所以面糊挤入模具以后再做也没问题。你也可以省略酥粒。

❿ 将酥粒撒在面糊表面，并扫去散落在周围的多余酥粒。将模具放入预热好 175℃ 的烤箱，中层，上下火，烤 25~30 分钟，至完全鼓起。用牙签扎入麦芬中心，拔出的牙签上没有残留物，就表示烤熟了。

柠檬椰香小蛋糕

| 烤箱中层 | 上下火 180℃ | 约 15 分钟 |

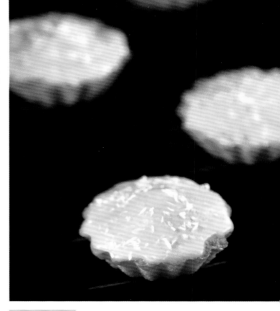

配料　参考分量：小蛋糕模具 12 个

低筋面粉·······················120g
椰丝··························30g
玉米油························50g
全蛋液········50g（约 1 个鸡蛋）
牛奶··························160g
柠檬的皮（切屑）···········半个
细砂糖·······················80g
无铝泡打粉········1 小勺（5ml）
小苏打·······1/4 小勺（1.25ml）
柠檬汁············2 小勺（10ml）

表面装饰

柠檬汁···············1 大勺（15ml）
糖粉··························60g
椰丝························少许

操作要点

1. 这款蛋糕推荐用比较小巧的模具来烤焙，这样配合柠檬糖浆食用的时候，才会有更好的口感。

2. 如果蛋糕做好后不马上吃，可以放入密封盒里保存，待吃之前再淋上柠檬糖浆。

制作过程

准备工作

❶ 将柠檬对半切开，挤出柠檬汁备用。

❷ 将半个柠檬的皮切成屑。

混合湿性 & 干性材料

❸ 在大碗里加入全蛋液、牛奶、2 小勺柠檬汁、玉米油、细砂糖，搅拌均匀。

❹ 另取一碗，将低筋面粉、泡打粉、小苏打混合过筛后，加入柠檬皮屑及椰丝，混合均匀。

❺ 把第 ❹ 步的干性材料倒入第 ❸ 步混合好的湿性材料里。

翻拌

❻ 用橡皮刮刀翻拌均匀，直到面粉等干性材料全部湿润即可，不要过度翻拌。

装模，烤焙

❼ 把拌好的面糊装入模具，2/3 满，放入预热好 180℃的烤箱，中层，上下火，烤 15 分钟左右，直到完全膨胀，表面呈金黄色即可出炉。

表面装饰

❽ 把 1 大勺柠檬汁加入到 60g 糖粉里，搅拌到顺滑，使其成为柠檬糖浆。把柠檬糖浆淋在冷却后的蛋糕上，并撒上适量椰丝作为装饰（见成品图）。

操作要诀 简单几步，做好乳化法麦芬

做过最简单的传统法麦芬，体验了它的简单与快捷后，我们来试试稍微复杂一些的乳化法麦芬。乳化法制作的麦芬，和传统法相比具有更加细腻的质地。与传统法麦芬简单地混合材料不同，乳化法麦芬必须经历黄油的打发。但是，相信我，它一样非常简单，只要按照步骤做，不会有任何失败的风险。

乳化法麦芬的制作流程如下：

将黄油软化后，加糖打发，分次加入打散的鸡蛋，每一次加入都需要使鸡蛋和黄油充分乳化后再加下一次。之后，再依次加入其他液体配料、粉类、果料等，搅拌均匀成为面糊，然后入模烤焙。

这时你们也许会问：黄油怎样打发？看一看本书第15页关于黄油打发的介绍，你就会知道答案。另外还可能有人会问：为什么叫"乳化法"？

我们首先要知道什么叫"乳化"：

一个很简单的常识我们都知道——油和水本身是无法融合在一起的。而我们制作麦芬的时候，就遇到了需要将黄油与鸡蛋融合在一起的问题。黄油主要成分是油脂，鸡蛋主要成分是水分，油和水这两者如何融合到一起呢？——通过搅打黄油并少量多次地添加鸡蛋，它们就能融合在一起了。这个过程就叫"乳化"，"乳化法麦芬"由此得名。

黄油和鸡蛋之所以能乳化，是因为黄油与蛋黄内部都含有天然的乳化剂，通过搅拌实现了乳化过程。而制作乳化法麦芬最重要的一步，就是保证乳化过程的成功。不用担心，虽然听起来很复杂，但根据配方里的详细操作步骤一步一步往下做，你会发现远比你想象中的简单。马上去试试吧！

最后，提出几个需要注意的地方，当有疑惑的时候，不妨一看：

（1）在打发黄油的时候，要少量多次地加入鸡蛋才能使黄油和鸡蛋完全融合。如果一次性加入鸡蛋，很难被黄油充分地吸收，从而产生油蛋分离的现象，也就是乳化失败了。

（2）麦芬蛋糕的配料里通常会有较多的牛奶、酸奶等湿性材料，将这些材料倒入打发好的黄油里时，通常先不要搅拌，而是倒入面粉后再一起拌匀成面糊。这是因为黄油吸收水分的能力是有限的，如果先将牛奶等材料和黄油拌匀，黄油是无法吸收这么多水分的。面粉加入后，它会帮助黄油吸收水分，从而使黄油、面粉、牛奶等配料完全地融合在一起。

（3）做乳化法麦芬的时候，不单是黄油需要软化，其他的配料（鸡蛋、糖、牛奶等）也需要保持室温，若处于冷藏状态，需要先回温再用。当各配料温度在21℃的时候，乳化的效果最好。

君之说风味

✿ 这是一种非常典型的乳化法麦芬的做法：打发黄油→拌入面粉→装模→烤焙。和传统法麦芬比起来，它的组织更加细腻。而淡奶油的加入，更为它的口感增添了一份醇厚柔润。

✿ 炼乳，又叫炼奶。这款配方里，选择最普通的炼乳就可以，脱脂或全脂，含糖或无糖影响都不大。

鲜奶油麦芬

🔘 烤箱中层　🔥 上下火 180℃　🕐 约 20 分钟

配料 参考分量：6 个

低筋面粉	100g	动物性淡奶油	80g
黄油	65g	炼乳	10g
全蛋液	30g	无铝泡打粉	1/2 小勺（2.5ml）
细砂糖	50g	盐	1/4 小勺（1.25ml）

制作过程

软化黄油

❶ 黄油切成小块，室温下放置到软化。软化后的黄油十分柔软，用手指能轻松挑起。若室温较低不足以使黄油软化，可将黄油切块后放到微波炉内加热数十秒，但注意一定不能让黄油熔化成液态。

打发黄油

❷ 在软化好的黄油里加入细砂糖和盐，用电动打蛋器打发。

❸ 一直搅打到黄油颜色变浅，体积膨松。此过程需要 3~5 分钟。

乳化

❹ 鸡蛋打散以后，分 2 次倒入黄油里，并继续用打蛋器打发。必须打到第一次加入的鸡蛋和黄油完全融合以后，再加第二次。随后加入 10g 炼乳，搅打均匀。

❺ 加入鸡蛋和炼乳并打发完成的黄油如图所示，呈非常轻盈的羽毛状。

混合湿性 & 干性材料

❻ 在打发好的黄油里倒入动物性淡奶油，此时不需要搅拌。

❼ 低筋面粉和泡打粉混合后筛入打发好的黄油里。

翻拌

❽ 用橡皮刮刀翻拌，直到面粉、淡奶油、黄油完全混合均匀，成为湿润的面糊。

装模，烤焙

❾ 把面糊装入裱花袋，挤入模具里，2/3 满。放入预热好 180℃的烤箱，中层，上下火，烤 20 分钟左右，直到完全膨胀，表面呈金黄色即可出炉。

苹果肉桂麦芬

烤箱中层 | 上下火 180℃ | 约20分钟

配料 参考分量：小硅胶连模12个

低筋面粉	100g	苹果	100g
黄油	40g	肉桂粉	1/2 小勺（2.5ml）
全蛋液	30g	香草精	1/4 小勺（1.25ml）
牛奶	65g	无铝泡打粉	1 小勺（5ml）
红糖	50g	盐	1/4 小勺（1.25ml）

君之说风味

❀肉桂粉与苹果被誉为最佳拍档。基本上用苹果制作的甜点都少不了肉桂粉的身影，两者的风味融合起来十分美妙。

❀热乎乎的苹果肉桂蛋糕滋味最为美妙，出炉后就赶紧享用吧！

操作要点

这款蛋糕也属于乳化法制作的麦芬。不过，它和鲜奶油麦芬比起来，黄油含量较低，因此加入鸡蛋的时候要稍加注意，要分2~3次加入，并耐心将油蛋充分搅拌均匀，不要操之过急引起油蛋分离。

制作过程

准备工作

❶ 苹果去皮、去核以后，切成小丁备用。

打发黄油

❷ 黄油软化以后，加入红糖和盐，用打蛋器打发到颜色变浅，体积膨松。

乳化

❸ 分2~3次加入打散后的鸡蛋，并搅打均匀。每一次都要打到鸡蛋和黄油完全融合以后，再加下一次。

混合湿性 & 干性材料，翻拌

❹ 然后加入香草精，搅打均匀。

❺ 倒入牛奶。此时不需要搅拌。

❻ 面粉、肉桂粉、泡打粉混合以后筛入黄油混合物里，用橡皮刮刀翻拌均匀，使其成为面糊。

❼ 向面糊中倒入苹果丁，并拌匀。

装模，烤焙

❽ 把拌好的面糊装入裱花袋，挤入模具，2/3满。然后放入预热好180℃的烤箱，中层，上下火，烤20分钟左右，直到麦芬充分膨胀，表面呈浅棕红色即可出炉。

香蕉巧克力
碎片麦芬

🍮 烤箱中层　🔥 上下火 180℃　🕐 约20分钟

配料　参考分量：6个

低筋面粉·····················100g
黄油·························65g
全蛋液·······················30g
细砂糖·······················50g
香蕉（去皮后）···············100g

黑巧克力·····················50g
牛奶················· 2大勺（30ml）
无铝泡打粉··· 1/2小勺（2.5ml）
小苏打····· 1/8小勺（0.625ml）

操作要点

1. 做这款蛋糕要选择熟透的、表皮发黑的香蕉，这样做出来的蛋糕香蕉味道才会非常地浓郁。

2. 配料里的黑巧克力，选用超市内常见的一般黑巧克力即可，不需要选择烘焙专用的。巧克力切成大小不一的碎片，烤焙之后，部分巧克力会熔化到蛋糕里，还有一部分会以颗粒状保留在蛋糕里，吃起来口感非常棒哦。

制作过程

准备工作

❶ 把去皮后的香蕉放入保鲜袋，用擀面杖将其捣成香蕉泥。

打发黄油

❷ 黄油软化以后，加入细砂糖，用打蛋器打至颜色变浅，体积膨松。

乳化

❸ 鸡蛋打散以后，分 2 次倒入黄油里，并继续用打蛋器打发。必须打到第一次加入的鸡蛋和黄油完全融合以后，再加第二次。

❹ 加入鸡蛋并打发好的黄油如图所示，呈非常轻盈的羽毛状。

混合湿性 & 干性材料

❺ 在打发好的黄油里倒入香蕉泥。

❻ 用橡皮刮刀轻轻拌一拌，使香蕉泥和黄油混合在一起，不用拌得太均匀。

❼ 然后加入牛奶，此时不需要搅拌。

❽ 低筋面粉、泡打粉、小苏打混合后筛入黄油混合物里。

翻拌

❾ 用橡皮刮刀翻拌均匀，使其成为湿润的面糊。

❿ 用小刀把黑巧克力切成碎片，倒入面糊里，用刮刀拌匀。

装模，烤焙

⓫ 拌好的面糊装入裱花袋，挤入模具里，2/3 满。然后放入预热好 180℃的烤箱，中层，上下火，烤 20 分钟左右，直到完全膨胀起来，表面呈金黄色即可出炉。

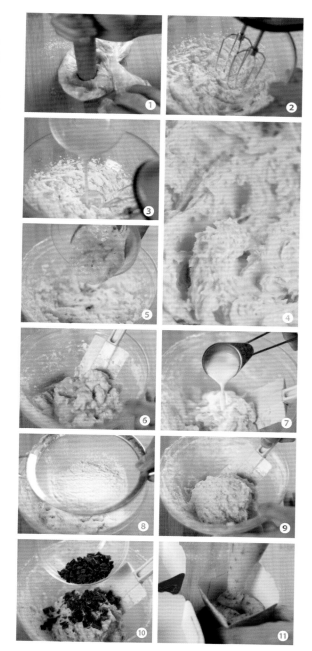

君之说风味 ∞∞∞∞∞∞∞∞∞∞∞∞

❀ 这是一款使用乳化法制作的麦芬，口感松软。又因添加了葡萄干、杏仁片、核桃仁，不仅更加可口，营养也很丰富。

操作要点

1. 干果一定要充分浸泡，尤其是撒在表面的干果，否则在烤的时候可能会烤得太焦。

2. 蛋糕内使用的干果可以替换为你喜欢的其他干果，如碧根果、开心果等。

朗姆杂果麦芬

● 烤箱中层　🔥 上下火 180℃　🕐 20~30 分钟

配料 参考分量：大纸杯 3 个

低筋面粉··················· 95g	盐·········· 1/8 小勺（0.625ml）
黄油······················· 60g	无铝泡打粉··· 1/2 小勺（2.5ml）
细砂糖····················· 60g	葡萄干····················· 30g
全蛋液·······50g（约 1 个鸡蛋）	杏仁片····················· 15g
牛奶······················· 60ml	核桃仁····················· 15g
奶粉······················· 5g	朗姆酒······ 60ml（浸泡干果用）

制作过程

准备工作
❶ 将全部葡萄干以及少量杏仁片、核桃仁用朗姆酒浸泡半个小时以上。

打发黄油
❷ 黄油软化以后，加入细砂糖、奶粉、盐，用打蛋器打至体积膨松，颜色变浅。

乳化
❸ 分3次加入鸡蛋，并继续搅打。每一次都需要搅拌到鸡蛋和黄油完全融合以后再加下一次。
❹ 搅打完的黄油应该是轻盈、膨松的状态，不出现油水分离。

混合湿性 & 干性材料，翻拌
❺ 将牛奶倒入打发好的黄油里，此时不需要搅拌。
❻ 将面粉、泡打粉混合过筛后，加入黄油混合物里，用橡皮刮刀翻拌均匀，使其成为湿润的面糊。
❼ 浸泡好的葡萄干滤干以后（留一小部分葡萄干用来装饰表面），和未浸泡的杏仁片、核桃仁一起加入到面糊里，用橡皮刮刀拌匀。

装模，烤焙
❽ 把拌好的面糊倒入纸杯里，2/3满。将剩下的葡萄干以及浸泡过并滤干的杏仁片、核桃仁撒在面糊表面。把纸杯摆入烤盘后，放进预热好180℃的烤箱，中层，上下火，烤20~30分钟，直至充分膨胀，表面金黄即可出炉。

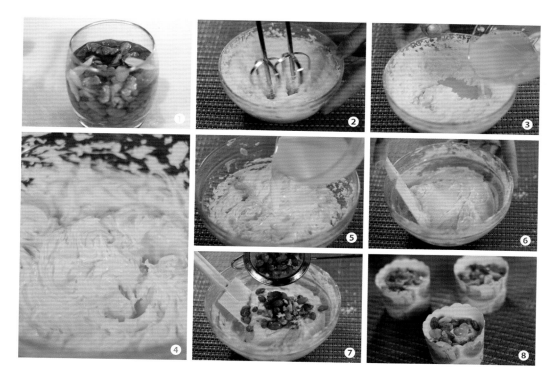

柠檬酸奶麦芬

⏺ 烤箱中层 🔥 上下火 180℃ ⏲ 约 20 分钟

配料 参考分量：6 个

低筋面粉·······················100g
黄油·····························60g
全蛋液····························30g
细砂糖····························60g
原味酸奶··························80g
柠檬汁·············2 小勺（10ml）

柠檬皮屑··········1 小勺（5ml）
香草精·······1/2 小勺（2.5ml）
盐·······1/4 小勺（1.25ml）
小苏打·······1/4 小勺（1.25ml）
无铝泡打粉···1/2 小勺（2.5ml）

君之说风味

✿ 这款麦芬的风味可以用 8 个字来描述：柠檬酸香，十足清爽。它的制作简单快捷，成品松软可口，非常值得一试。

操作要点

1. 配方里用到的柠檬汁是新鲜柠檬挤出的汁。买一个柠檬，挤汁以后，柠檬皮洗净切成屑。这样柠檬汁和柠檬皮屑都有了。

2. 柠檬皮里层的白色组织，口感比较苦涩，将柠檬皮切屑的时候，可以用小刀先将白色的这部分刮去。

制作过程

打发黄油

❶ 黄油软化以后，加入细砂糖、盐，打发到颜色变浅，体积膨松。

乳化

❷ 分 2 次加入打散后的鸡蛋，并打发均匀。要打至第一次加入的鸡蛋完全和黄油融合之后再加第二次。

混合湿性 & 干性材料

❸ 在黄油混合物里加入新鲜柠檬挤出的柠檬汁以及香草精，搅打均匀。

❹ 然后加入柠檬皮屑，搅打均匀。

❺ 再倒入酸奶，此时不需要搅拌。

❻ 低筋面粉、泡打粉、小苏打混合均匀后筛入黄油混合物里。

翻拌

❼ 用橡皮刮刀翻拌均匀，使其成为湿润的面糊。

装模，烤焙

❽ 把面糊装入裱花袋，挤入模具，2/3 满，放入预热好 180℃ 的烤箱，中层，上下火，烤 20 分钟左右，直到完全膨发，表面呈金黄色即可。

焦糖苹果麦芬

🕐 烤箱中层　🔥 上下火 180℃　⏱ 约 15 分钟

配料　参考分量：4~6 个，视纸杯大小而定

苹果·················· 1 个（300g）	全蛋液········· 50g（约 1 个鸡蛋）
细砂糖··············· 60g+10g	无铝泡打粉··· 1/4 小勺（1.25ml）
冷水····················· 35g	小苏打········ 1/4 小勺（1.25ml）
低筋面粉················ 100g	肉桂粉····· 1/8 小勺（0.625ml）
黄油······················ 65g	

君之说风味

✿ 焦糖苹果蛋糕，具有甜蜜而独特的风味。搭配一杯解腻的红茶，刚刚好。

✿ 肉桂和苹果被认为是最佳搭配。因此用苹果制作的甜品总是少不了肉桂粉，但也有部分人不喜欢肉桂的味道，将肉桂粉省略也是可以的。

操作要点

1. 小苏打和泡打粉都能让蛋糕的质地变得更加膨松可口。这个配方的泡打粉用量已经降低了，如果你比较介意泡打粉，也可以不放，但是蛋糕的膨松程度会受到影响。

2. 这个配方除了做成纸杯蛋糕，也可以倒入一整条水果条模具里，做成长条形的蛋糕，冷却后切片食用。烘烤的温度可以降低到170℃，烘烤时间相应延长至45分钟左右。

制作过程

制作焦糖苹果

❶ 将苹果去皮去核以后切成小丁。

❷ 平底锅里倒入 60g 细砂糖以及 35g 水，当水和砂糖完全混合以后，开中火，煮到糖完全溶解在水里成为糖水，沸腾产生大量气泡。

❸ 继续熬煮，直到糖产生焦化，颜色变深。

❹ 当糖熬至呈深琥珀色的时候，立刻倒入苹果丁。

❺ 倒入苹果丁以后马上快速翻炒，不要有任何的延迟，使糖浆和苹果丁混合。

❻ 翻炒的过程中，苹果会开始出水，加入肉桂粉翻炒均匀。

❼ 盖上锅盖，转小火，煮 8~10 分钟，将苹果丁煮软。

❽ 煮好以后，再略微翻炒，就做成焦糖苹果了（苹果不要炒得太干，糖浆冷却以后会变稠，如果炒得太干，冷却以后糖浆会变硬）。将焦糖苹果冷却后备用。

打发黄油

❾ 黄油软化后加入剩下的 10g 糖，用打蛋器打发。

❿ 打到膨松的状态。

乳化

⓫ 分 3 次加入打散的全蛋液，并继续搅打均匀。每次都要将蛋液和黄油打到完全融合后再加下一次，避免油蛋分离。

⓬ 加完蛋液乳化完成的黄油如图所示。

混合湿性 & 干性材料

⓭ 将面粉、泡打粉、小苏打混合均匀，筛入打发好的黄油混合物中。

翻拌

⓮ 用刮刀翻拌均匀，使其成为蛋糕面糊。

⓯ 在面糊中加入冷却以后的焦糖苹果。

⓰ 把焦糖苹果和面糊拌匀，使其充分混合，就是最终的蛋糕面糊了。

装模

⓱ 将面糊装入蛋糕纸杯，七分满。

烤焙

⓲ 放入预热好 180℃的烤箱，中层，上下火，烤 15 分钟左右，直到蛋糕充分膨发起来并定型。不同的烤箱温度有差异，请根据烤箱实际情况及纸杯大小调整烘烤的时间。

Part 3
黄油蛋糕

先懂基础　黄油蛋糕的馥郁浓香

如果你做乳化法的麦芬已经得心应手，我相信你制作出一块香浓的黄油蛋糕也没有任何问题。

黄油蛋糕的制作方法与乳化法麦芬如出一辙，同样是使用乳化法来搅拌黄油与鸡蛋。只不过它的黄油含量更高，鸡蛋含量更高，口味也更浓厚纯正。

最传统的黄油蛋糕简单到只有4种配料：黄油、鸡蛋、面粉、糖，而且，每种配料的用量都是一样的，都是1磅，因此它也被称为磅蛋糕。随着现代烘焙业的发展，黄油蛋糕也发生了不小的变化，出现了各式各样的品种，但万变不离其宗，浓郁的黄油香仍是黄油蛋糕不变的主题。

在这一章里，除了介绍传统的原味磅蛋糕以外，也介绍了更多口味的黄油蛋糕，如松软南瓜小蛋糕、栗子蛋糕等。另外还介绍了特殊一点的，没有采用乳化法制作而是将黄油熔化后直接添入面糊的柠檬杯子蛋糕。

而且，相信所有热爱烘焙的人都不会满足于只是做出一些外形朴素到可以称为简陋的蛋糕。黄油蛋糕具有丰富的可塑性，略加装饰，立刻可以让所有人惊呼。试试双色棋格奶油蛋糕等只要多花一点心思，就能别样美丽的蛋糕吧！

操作要诀　记住3点，做出纯正口味

（1）和传统法麦芬比起来，黄油蛋糕的黄油需要乳化更多的鸡蛋。因此，鸡蛋的少量多次加入更显得重要。一般配方里都要求分4次加入，如果你比较有耐心，可以分更多次加入。另外，为了更好地乳化，在加入2次鸡蛋以后，可以在黄油里加入少量的面粉（配方分量内），搅打均匀后再加剩下的2次鸡蛋，面粉帮助吸收一部分水分，能促使鸡蛋与黄油更好地融合。

（2）黄油不要打发太长时间。如果黄油打发得过头，可能导致蛋糕塌陷。

（3）黄油打发后裹入了无数的小气泡，在烘烤的时候可以充当膨松剂。黄油蛋糕的黄油含量很丰富，只依靠黄油的膨松作用就能让蛋糕较好地膨发起来。为了让蛋糕膨发得更好，在黄油蛋糕的配方里有时还是会添加少量的泡打粉，如果不想添加也可以省略。

红茶牛油戟

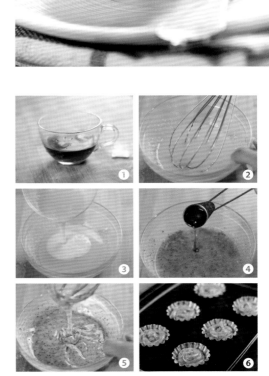

（烤箱中层）（上下火 220℃）（约8分钟）

配料 参考分量：12 个

低筋面粉······················· 50g
黄油··························· 50g
细砂糖························· 50g
全蛋液········ 50g（约 1 个鸡蛋）
红茶茶包············· 1 包（2g）
开水··························· 50g

制作过程

准备工作

❶ 1 包红茶茶包用 50g 的开水冲泡，2 分钟后，捞出茶包。待茶包和茶水冷却后备用。

混匀配料

❷ 黄油熔化成液态以后，加入细砂糖，并混合均匀。

❸ 然后倒入打散的鸡蛋，混合均匀。

❹ 把冷却后的茶包拆开，将红茶渣倒入黄油混合物里，再倒入 1 小勺冷却后的红茶汁（5ml），搅拌均匀。剩余的红茶汁舍去不用。

❺ 最后倒入低筋面粉，用打蛋器搅拌成如图所示的稀面糊。

装模，烤焙

❻ 把稀面糊装入模具，2/3 满，放入预热好220℃的烤箱，中层，上下火，烤 8 分钟左右，直到蛋糕完全膨胀，表面出现裂口并呈金黄色即可出炉。

操作要点

1. 这大概是最简单的磅蛋糕了，不需要打发，只需要把黄油熔化以后逐个添加原料，最后拌成面糊即可。无任何技术性的要求，任何人都能学会。

2. 这款蛋糕既没有打发黄油，也没有添加泡打粉等膨松剂，它能膨胀起来，完全因为高温烘烤时水蒸气挥发产生的膨胀力。因此，这款蛋糕必须用小巧的模具制作，并用 220℃的高温烘烤，才会有良好的膨松效果。如果模具太大，面糊中心升温慢，将不足以产生足够的水蒸气动力。

柠檬杯子蛋糕

🍥 烤箱中层　🔥 上下火 185℃　🕐 15~20 分钟

配料 参考分量：8 个

低筋面粉·····················100g	无铝泡打粉··· 1/2 小勺（2.5ml）
黄油·························100g	柠檬皮屑······ 1/2 小勺（2.5ml）
细砂糖·······················70g	牛奶············· 2 大勺（30ml）
全蛋液······ 100g（约 2 个鸡蛋）	奶油霜（做法见 152 页）··· 150g

✿ 这也是一款不需要打发黄油的黄油蛋糕，因此同样很简单，只需要将配料简单地混合就能完成蛋糕的制作。在做好普通的蛋糕以后，用奶油霜简单地装饰一下，蛋糕就变得栩栩如生了，如同一只只展翅待飞的蝴蝶。

操作要点

柠檬皮屑，买一个新鲜柠檬就解决了，大约半个柠檬就够了。柠檬皮切屑的时候，记得先把皮内侧的白色部分刮掉，否则口感会比较苦涩。

制作过程

混匀配料

❶ 将低筋面粉和泡打粉混合过筛到大碗里。

❷ 加入细砂糖拌匀，倒入打散的鸡蛋、柠檬皮屑、牛奶、熔化的黄油。

❸ 用橡皮刮刀翻拌均匀。

❹ 直到面粉彻底湿润，成为比较顺滑的面糊即可。

装模，烤焙

❺ 把面糊装入模具（纸杯、硅胶杯均可），2/3 满。把模具放入预热好 185℃的烤箱，中层，上下火，烤 15~20 分钟，直到蛋糕完全膨胀，表面金黄即可出炉。

装饰

❻ 烤好的小蛋糕冷却以后，用小刀把顶部切下来。

❼ 将顶部切去其中的一条弧边，得到如图所示的样子。

❽ 用剪刀将其剪成两半，成为翅膀状。

❾ 用裱花嘴把奶油霜挤在被切去顶部的小蛋糕上，再插上"翅膀"，蛋糕就装饰完成了。

原味磅蛋糕

🥄 烤箱中层　　🔥 上下火 180℃　　🕐 约 25 分钟

配料　参考分量：小水果条模具 2 个

低筋面粉·························· 100g　　全蛋液······ 100g（约 2 个鸡蛋）
黄油······························ 100g　　细砂糖························ 100g

❀ 这是最传统的磅蛋糕做法。配方里面粉、黄油、糖、鸡蛋的比例为1:1:1:1。它的口感十分醇厚甜蜜，对于吃惯了细腻松软的戚风类蛋糕的现代人来说，可能不太习惯。但真正热爱蛋糕的人，仍然会为它古老而经典的口感所倾倒。

操作要点

1.磅蛋糕是黄油蛋糕的基础，掌握了磅蛋糕的做法以后，再制作那些现代经过改良的黄油蛋糕就相当容易了。

2.因为磅蛋糕里鸡蛋用量和黄油一样多，因此将它们完全融合在一起并不容易。将鸡蛋加入黄油时，至少要分4次加入，可以降低油蛋分离的概率。另外，在加入2次鸡蛋以后，可以在黄油里加入10g左右的面粉（配方分量内），搅打均匀后再加剩下的2次鸡蛋，能促使鸡蛋与黄油更好地融合。在制作其他需要将较多鸡蛋与黄油融合的蛋糕时，均可采用这个办法。

制作过程

打发黄油

❶ 黄油软化以后，加入细砂糖，先用打蛋器低速搅拌到细砂糖与黄油完全融合，再用高速搅打5分钟左右，直到黄油颜色变浅，体积膨松。

乳化

❷ 至少分4次加入鸡蛋，并搅打均匀。每一次都需要等鸡蛋和黄油完全融合以后，再加下一次。

❸ 搅拌的过程中，如果黄油溅到打蛋盆壁上，可以用橡皮刮刀把黄油集中到中央位置。

❹ 加入鸡蛋并完全打发好的黄油，应该是如图中所示的轻盈、膨松的羽毛状。

混匀配料

❺ 将低筋面粉筛入打发好的黄油里。

❻ 用橡皮刮刀翻拌均匀，使之成为磅蛋糕面糊。

装模，烤焙

❼ 把面糊装入裱花袋，挤入模具，2/3满即可。把模具放入预热好180℃的烤箱，中层，上下火，烤25分钟左右，直到完全膨胀，表面呈金黄色即可出炉。

君之说风味

❀ 伯爵茶（Earl Grey Tea）是一种风味独特的红茶，一般是以锡兰红茶等优质红茶为基茶，添入佛手柑油制成。伯爵茶在很多超市都可以买到，尤其是进口食品货架上。中文译名可能不一致，但只要认准英文名就不会买错。在蛋糕内添加伯爵茶，可以使蛋糕拥有一份独特的香气。

操作要点

1. 添加少量的泡打粉可以较好地改善蛋糕的品质。如果不放泡打粉，蛋糕的膨松程度和柔软度虽然会稍逊一筹，但同样可以做出比较美味的蛋糕来。

2. 除了长条形的蛋糕模，也可以用圆形纸杯来烤这款蛋糕。请根据自己的情况灵活变通。

伯爵蛋糕

烤箱中层　上下火 180°C　约 25 分钟

配料　参考分量：长条形小蛋糕模 1 个

低筋面粉·····················100g
黄油·························100g
全蛋液······ 100g（约 2 个鸡蛋）
细砂糖·······················80g

无铝泡打粉（可不加）···········
　　　　　 1/8 小勺（0.625ml）
盐········· 1/8 小勺（0.625ml）
伯爵红茶·············· 1 包（2g）
伯爵茶汁········ 2 小勺（10ml）

制作过程

准备工作

❶ 用100ml的开水冲泡1包伯爵红茶，泡1分钟以后，捞出茶包，待茶包和茶汁冷却备用。

打发黄油

❷ 黄油切成小块软化以后，加入细砂糖、盐打发，打至体积膨松，颜色变浅。

乳化

❸ 将鸡蛋分4次加入黄油里，并继续打发。每加一次鸡蛋后都需要彻底将鸡蛋与黄油搅打均匀后再加下一次。

❹ 打发好的黄油混合物应该呈轻盈细腻的羽毛状，不出现油水分离，如图所示。

混匀配料

❺ 在打发好的黄油里加入2小勺冷却的伯爵茶汁，并搅打均匀。

❻ 撕开伯爵茶包，将茶渣倒入打发好的黄油。搅拌均匀，使茶渣均匀分布在黄油里。

❼ 面粉和泡打粉混合过筛后，倒入黄油里。

翻拌，装模，烤焙

❽ 用橡皮刮刀由底部往上翻拌面糊（不要画圈搅拌），直到面粉和黄油糊完全混合均匀，成为蛋糕面糊。将蛋糕面糊倒入长条形小蛋糕模，2/3满。然后放入预热好180℃的烤箱，中层，上下火，25分钟左右，直到充分膨胀，并且表面呈金黄色即可出炉。

君之说风味 ∾∾∾∾∾∾∾∾

❀ 南瓜是甜点界的超级宠儿，在很多烘焙产品里都有它的身影。南瓜不仅口感香甜绵软，而且它特有的金黄色泽，给甜点添加了一份吉祥喜庆，格外受人欢迎。因为南瓜含有丰富的水分，也使得做成的小蛋糕口感十分松软。

松软南瓜
小蛋糕

🍳 烤箱中层　　🔥 上下火 180℃　　⏱ 12~15 分钟

配料　参考分量：直径约 5cm 的小蛋糕 12 个

黄油·························· 85g	南瓜（去皮去籽）··········· 120g
低筋面粉···················· 100g	红糖·························· 40g
无铝泡打粉（可不加）·········	细砂糖························ 40g
1/2 小勺（2.5ml）	全蛋液········ 50g（约 1 个鸡蛋）
盐········ 1/4 小勺（1.25ml）	

制作过程

准备工作

❶ 南瓜去皮去籽以后切成小块蒸熟（或放到微波炉里加热2~3分钟），蒸到用筷子可以轻松扎透时出锅，然后用擀面杖的一头把南瓜捣成泥。

打发黄油

❷ 黄油软化以后，加入细砂糖、红糖、盐，用打蛋器打发，直到体积膨大，呈轻盈的羽毛状，整个过程约5分钟。

乳化

❸ 鸡蛋打散以后，分3次加入到打发的黄油里。每一次都必须等鸡蛋和黄油完全融合以后再加下一次。

混匀配料

❹ 把冷却到室温的南瓜泥加入黄油糊里。

❺ 继续用打蛋器搅打均匀。

❻ 低筋面粉、泡打粉混合后，筛入黄油糊里。

❼ 用橡皮刮刀翻拌均匀，做成蛋糕面糊。

装模，烤焙

❽ 把蛋糕面糊装入小蛋糕模具，2/3满。把模具放入预热好180℃的烤箱，中层，上下火，烤12~15分钟，直到蛋糕完全膨胀起来，表面呈金黄色即可出炉。

操作要点

1. 如果采用蒸熟南瓜的方法，蒸南瓜的碗要加盖或者覆上保鲜膜，以免蒸锅里的水汽进入南瓜碗里，导致南瓜泥的水分偏大。

2. 小蛋糕无论是热时还是冷却后都很松软可口。室温下密封可存放3天左右。如果需要长时间保存，可放进冰箱冷冻室冻起来，吃的时候拿出来用微波炉或者烤箱解冻。

3. 做这款小蛋糕的模具可以用纸模、小金属模、麦芬连模，甚至蛋挞模都可以，根据手边的条件灵活选择。只不过需要注意一下，根据模具的大小，烤焙的时间也要做相应的调整。

椰香朗姆
葡萄蛋糕

配料　参考分量：小纸杯 12 个

低筋面粉……………… 100g	动物性淡奶油…………… 50g
黄油………………… 100g	椰蓉…………………… 40g
全蛋液… 50g（约 1 个鸡蛋）	香草精…… 1/2 小勺（2.5ml）
红糖………………… 60g	无铝泡打粉（可不加）……
葡萄干……………… 40g	1/2 小勺（2.5ml）
朗姆酒……………… 40g	盐…… 1/4 小勺（1.25ml）

✿ 椰蓉与朗姆酒的香味融合，成就了这款松软可口的小蛋糕。制作起来也十分快捷，是一道好吃易做的小蛋糕。

操作要点

配方里的 40g 朗姆酒不是一个确定的数字，朗姆酒是用来浸泡葡萄干的，因此以朗姆酒能没过葡萄干为准。浸泡过后的朗姆酒可以留作下一次浸泡干果用，或者留作其他用途。

制作过程

准备工作

❶ 葡萄干用朗姆酒浸泡半个小时以上。

打发黄油

❷ 黄油软化以后，加入红糖和盐，用打蛋器打发至膨松状态。

乳化

❸ 分 2 次加入鸡蛋，并搅打均匀，需要等第一次加入的鸡蛋与黄油彻底融合以后，再加第二次。

混匀配料

❹ 在黄油混合物中倒入香草精，并搅拌均匀。

❺ 接着倒入动物性淡奶油，此时不必搅拌。

❻ 面粉和泡打粉混合后筛入黄油混合物里。

❼ 然后加入椰蓉以及用朗姆酒浸泡后滤干的葡萄干。

❽ 用橡皮刮刀翻拌均匀，做成湿润的面糊。

装模，烤焙

❾ 把面糊装入模具，2/3 满。放入预热好 180℃ 的烤箱，中层，上下火，烤 12~15 分钟，直到蛋糕完全膨胀，表面呈深金黄色即可。

君之说风味

❀ 到了板栗飘香的季节，制作这样一款有着浓郁栗香的小蛋糕，不仅应景，关键是非常好吃，很值得尝试一把！

操作要点

1. 这款蛋糕比较麻烦的地方在于栗蓉的制作。制作栗蓉时不但需要用较大的力气碾压栗子，还需要很大的耐心。你也可以购买市场上的成品栗蓉，不过还是推荐自己制作栗蓉，它会给你带来真正的惊喜。

2. 栗子蛋糕烤制的时候不会像普通黄油蛋糕膨胀得那么高。烤的时候还要注意时间不能过久，否则口感会偏干。

栗子蛋糕

🔘 烤箱中层　🔥 上下火 180℃　🕐 约15分钟

配料　参考分量：小蛋糕连模12个

低筋面粉·····················100g
栗子肉·····················100g
全蛋液·····　100g（约2个鸡蛋）
细砂糖·····················60g

黄油·····················100g
无铝泡打粉（可不加）··········
　　　　　　1/2小勺（2.5ml）
牛奶·················1大勺（15ml）

制作过程

准备工作

❶ 首先准备 100g 熟的栗子肉。如果买的是新鲜生栗子，将栗子煮熟并剥壳即可，也可以购买现成的熟栗子肉。准备一个细的筛网，然后用勺子背或其他工具在筛网上碾压栗子肉，使栗子肉通过筛网，成为栗蓉。

❷ 图中所示为通过筛网后做好的栗蓉。

打发黄油

❸ 黄油软化后，加入细砂糖，用打蛋器打至颜色变浅，体积膨松。

乳化

❹ 在黄油中倒入栗蓉，并用打蛋器继续搅打均匀。

❺ 分 4 次加入鸡蛋，并搅打均匀。每一次都要等鸡蛋和黄油完全融合后再加下一次。

❻ 打好的黄油状态如图所示。

混匀配料

❼ 在黄油混合物中倒入牛奶，不需要搅拌，接着将低筋面粉和泡打粉筛入黄油里。

❽ 用橡皮刮刀翻拌均匀，使之成为湿润的面糊。

装模，烤焙

❾ 把面糊装入模具，2/3 满。然后放入预热好 180℃ 的烤箱，中层，上下火，烤 15 分钟左右，直到表面金黄即可出炉。

❀ 大理石蛋糕，是将两种颜色的面糊略微混合，从而形成漂亮的大理石纹路的蛋糕。这两种颜色既不能完全融为一色，又不能太过分明，只要面糊混合得恰到好处，切开蛋糕的一刻，漂亮的大理石纹路会告诉你你的蛋糕做得有多成功！

❀ 除了漂亮，这款蛋糕口感柔软绵润，味道也是很棒的！

操作要点

1. 这款蛋糕采用的就是一般的乳化法，只要注意在黄油中加入鸡蛋的时候，分多次加入，避免油蛋分离，其他步骤都很简单。

2. 用筷子搅拌形成大理石花纹这一步，要注意一下搅拌的次数和幅度，搅拌得太过，两种颜色的面糊混合得太厉害，出来的花纹就不够清晰或者失去花纹；搅拌得不够，两种颜色混合得太少，又出不来效果。第一次做的时候如果掌握不好，就多练习几次吧！

大理石蛋糕

🔘 烤箱中层　🔥 上下火 180℃　🕐 约40分钟

配料　参考分量: 水果条模具一条

低筋面粉 · · · · · · · · · · · · · · · · 95g
黄油 · 60g
全蛋液 · · · · · · · 50g（约1个鸡蛋）
牛奶 · 75g
细砂糖 · · · · · · · · · · · · · · · · · · 50g

可可粉 · 6g
香草精 · · · · · · · 1/2 小勺（2.5ml）
无铝泡打粉（可不加）· · · · · · · · ·
· · · · · · · · · · · · · 1/2 小勺（2.5ml）

制作过程

打发黄油

❶ 黄油软化以后，加入细砂糖、香草精（没有可不放），用打蛋器打发至体积膨松。

乳化

❷ 鸡蛋打散后，分3次加入黄油里。每一次加入鸡蛋后，都要用打蛋器打至鸡蛋与黄油完全融合后再加下一次。

❸ 打发好的黄油如图所示。

混匀配料

❹ 低筋面粉和泡打粉混合后过筛，将过筛的粉类倒入打发好的黄油里，紧接着倒入60g牛奶。

❺ 用橡皮刮刀翻拌，使黄油、面粉、牛奶完全混合，成为湿润的面糊。

❻ 将面糊分成2份。可可粉和剩下的15g牛奶混合调匀成糊状，加入其中1份面糊里，拌匀成巧克力色的面糊。

❼ 这样，就得到了原味和巧克力味的2种面糊。

装模，烤焙

❽ 水果条模具内壁涂抹一层薄薄的黄油（防粘用）。将原味面糊倒一半到模具里，再倒入一半巧克力味面糊，接着倒入剩下的原味面糊，最后倒入剩下的巧克力味面糊（只要保证巧克力味面糊和原味面糊交替倒入模具里就可以）。

❾ 用筷子插入面糊里，略微搅拌几次，使两种颜色的面糊混合，形成大理石花纹。将模具放入预热好180℃的烤箱，中层，上下火，烤40分钟左右，直到完全膨起，表面呈金黄色，用牙签扎入蛋糕内部，拔出的牙签上没有残留物，就表示烤熟了。将蛋糕从烤箱中取出，冷却后脱模，切片食用。

柠檬奶油蛋糕

烤箱中层　上下火 180℃　约 25 分钟

配料 参考分量：2 块

柠檬蛋糕配料

黄油	85g
全蛋液	60g
柠檬汁	25g
柠檬皮屑	1 小勺（5ml）
低筋面粉	85g
细砂糖	70g

装饰配料

柠檬奶油霜（做法见 152 页）
　　　　　　　　　　　 200g

柠檬糖浆配料

细砂糖	65g
水	75g
柠檬汁	1 大勺（15ml）

柠檬糖浆做法

水和细砂糖混合加热煮沸，使细砂糖完全溶解，成为糖水。等糖水冷却以后，加入柠檬汁即成。

君之说风味

✿ 这是一款口感非常清爽的蛋糕。柠檬的清爽香气及酸酸的口感，配上浓郁的奶油霜，它的酸甜滋味比想象中更加动人。

操作要点

奶油霜具有在低温下变硬的特点，所以第 ⑬ 步中要将蛋糕冷冻 15 分钟后再切去四边，这时奶油霜已经变硬，切面会非常地整齐漂亮。

制作过程

打发黄油

❶ 黄油软化以后，加入细砂糖，用打蛋器搅打 5 分钟左右，直到将黄油打发，呈现膨松轻盈的状态。

乳化

❷ 分 3 次加入打散的鸡蛋，每一次都要等鸡蛋和黄油彻底融合以后，再加下一次。

混匀配料

❸ 在黄油混合物中加入柠檬汁（此时不需要搅拌）。

❹ 倒入柠檬皮屑（此时不需要搅拌）。

❺ 低筋面粉过筛到黄油混合物中。

翻拌，装模，烤焙

❻ 用橡皮刮刀翻拌，使黄油、柠檬汁、柠檬皮屑及面粉都混合均匀，成为浓稠的面糊。

❼ 把面糊装入长方形模具里，七分满左右（一般的小水果条模具，这个配方的量可以做 2 个）。把模具放入预热好 180℃的烤箱，中层，上下火，烤 25 分钟左右，直到完全膨发起来，表面呈现金黄色即可出炉。

组装柠檬奶油蛋糕

❽ 蛋糕出炉并冷却以后，脱模，把拱起来的顶部切掉。

❾ 把切掉顶部的蛋糕，用刀横切成薄薄的 4 片。

❿ 先取 1 片蛋糕片铺在工作台上，用毛刷蘸柠檬糖浆刷在蛋糕片上，使蛋糕片湿润。

⓫ 将柠檬奶油霜装入裱花袋，用小圆孔裱花嘴在蛋糕片上均匀地挤上柠檬奶油霜。

⓬ 然后盖上另一片蛋糕片。

⓭ 再刷上柠檬糖浆，挤上柠檬奶油霜。重复这个步骤，直到 4 片蛋糕片都铺完。把做好的蛋糕放进冰箱冷冻室冷冻 15 分钟，直到柠檬奶油霜变硬。

⓮ 把冷冻好的蛋糕拿出来，用刀切掉四边，露出整齐的切面。

⓯ 在蛋糕顶部用星形裱花嘴挤上一层柠檬奶油霜作为装饰，柠檬奶油蛋糕就做好了。

巧克力迷你蛋糕

> 🔘 烤箱中层　🔥 上下火 180℃　🕐 约 11 分钟

君之说风味

❀ 这款蛋糕味道醇厚，口感松软、柔润。我非常推荐将它做成小小的个头，一次吃上一两个，解馋，又不用担心摄入太多热量。

配料　参考分量：12 个

黑巧克力（55%）	50g
低筋面粉	60g
黄油	60g
可可粉	10g
细砂糖	30g
全蛋液	25g
牛奶	45g
无铝泡打粉	2g

制作过程

熔化黄油和巧克力

❶ 将黑巧克力和黄油都切成小块，放入碗里。隔水加热或用微波炉加热，并搅拌使巧克力和黄油熔化，成为巧克力黄油混合液。

★使用可可含量 55% 的黑巧克力口感最佳。如果没有，用其他黑巧克力也可以。但不要用牛奶巧克力或其他口味巧克力代替。

混匀配料

❷ 在巧克力黄油混合液里加入细砂糖、全蛋液、牛奶，并搅拌均匀。

❸ 面粉、泡打粉、可可粉混合后过筛，筛入液体混合物中。

★泡打粉是让蛋糕膨松的必需原料，不可以省略。

❹ 将其彻底搅拌均匀，成为面糊。

装模，烤焙

❺ 将面糊装进裱花袋挤入模具里（我用的是迷你版的 12 连蛋糕模具，上口直径 4.5cm，底部直径 3.5cm，高 2cm)，放入预热好 180℃的烤箱，中层，上下火，烤 11 分钟左右，直到蛋糕完全鼓起，用牙签扎入蛋糕中心，拔出的牙签上没有残留物，就表示烤熟了。

★你可以使用纸杯或大一点的麦芬蛋糕模等来烘烤，但要注意根据模具的大小调整烘烤时间。通常模具变大，烘烤温度要相应降低，时间要相应延长。小模具烘烤出来的效果更好。

★小蛋糕冷却后即可食用。可密封放入冰箱冷藏，一周内食用完毕。食用前用微波炉加热会更松软哦！

君之说风味

❀ 这款酥蛋糕，外层口感酥脆，里面又保留了蛋糕的松软，它的黄油含量，相比一般磅蛋糕低得多，但又丝毫不影响酸甜的蔓越莓馅与黄油蛋糕结合起来，带给我们实实在在的满足感。

操作要点

1. 这款蛋糕烤的时候不会过多地延展，如果你没有 7 英寸的蛋糕模或烤盘，可以直接将面团擀成 7 英寸大小的方形面团，放在比较大的烤盘中央烤。其他步骤一样。这样烤出来的蛋糕除了边缘不太整齐，不会有其他不同。

2. 蔓越莓干可根据自己的喜好换成其他种类的水果干，比如换成红枣（去核后称重）、樱桃干、蓝莓干等。

3. 蛋糕烤好后的 4 个小时内，最能保持外酥内软的口感。如果留到第二天食用，表面就不会酥脆了，不过，也很可口。

蔓越莓酥蛋糕

🔘 烤箱中层　🔥 上下火 180℃　🕐 30~35 分钟

配料　参考分量：12 块

低筋面粉·················· 165g	无铝泡打粉（可不加）·············
黄油······················ 65g	1/2 小勺（2.5ml）
细砂糖····················· 75g	蔓越莓干·················· 115g
全蛋液····················· 35g	水······················· 165g
	糖粉（装饰用）············· 适量

制作过程

打发 & 乳化

❶ 黄油软化后，加入细砂糖打发至体积膨松。

❷ 分 2 次加入鸡蛋，搅打均匀。要等鸡蛋和黄油完全融合再加下一次。

制作面团

❸ 低筋面粉和泡打粉混合过筛后，倒入黄油里。

❹ 用橡皮刮刀拌匀。面团比较干，采用边压边拌的方式能更快拌匀。

❺ 拌到面粉完全和黄油混合，用手捏成如图所示的面团。

❻ 面团均分为 2 份。其中 1 份铺在 7 英寸的方形蛋糕模或烤盘底部（模具内壁涂抹薄薄一层黄油防粘），用勺子背压平，放入冰箱冷藏。

❼ 另 1 份面团用保鲜膜包上，放入冰箱冷冻 25 分钟左右，直到冻硬。

制作蔓越莓馅

❽ 蔓越莓干切碎放入奶锅，加入水，大火煮至沸腾以后，盖上盖转小火煮 15 分钟。

❾ 煮到蔓越莓软烂，水分完全被蔓越莓吸收，煮成如图所示的酱状，就可以关火了。将煮好的蔓越莓馅摊平冷却备用。

组装，烤焙

❿ 第 ❼ 步冷冻的面团冻到足够的硬度以后，用擦丝器擦成比较粗的条（面团不能冻得太过坚硬，否则就擦不动了）。

⓫ 蔓越莓馅冷却后，取出第 ❻ 步冷藏的面团，将蔓越莓馅均匀涂抹在面团上。

⓬ 在表面撒上第 ❿ 步做好的粗条，放入预热好 180℃的烤箱，中层，上下火，烤 30~35 分钟，直到表面变成金黄色。从烤箱取出，冷却后脱模，表面撒上一层糖粉作为装饰，然后切成 12 块即可。

操作要点

1. 棋格蛋糕本身并不复杂，蛋糕糊的准备非常简单，烤的时间也很短。但是，将蛋糕组装起来的操作步骤比较多，还需要准备奶油霜以及朗姆酒糖浆，所以需要一点点细心和耐心。

2. 烤蛋糕片会用到方烤盘。但我们平时并不一定会准备大小正好满足需求的方烤盘，所以用锡纸自己做一个简易的一次性"烤盘"是非常好的办法。需要注意的是，锡纸做的烤盘很脆弱，只能烤蛋糕片，不能用来烤比较厚的蛋糕。

3. 朗姆酒糖浆除了用来调味，也能起到湿润蛋糕的作用，使蛋糕吃起来口感更好。如果没有朗姆酒，可以省略，只用糖和水。糖浆有剩余的话，可以密封放到冰箱保存，下次再用。

双色棋格
奶油蛋糕

🕐 烤箱中层　🔥 上下火 175℃　🕐 约 10 分钟

配料　参考分量：2 条

蛋糕配料

黄油	100g
低筋面粉	120g
无铝泡打粉（可不加）	1/4 小勺（1.25ml）
细砂糖	75g
全蛋液	100g（约 2 个鸡蛋）
牛奶	30g
可可粉	11g
热水	1 大勺（15ml）
小苏打	1/8 小勺（0.625ml）

装饰用料

奶油霜（做法见 152 页）	150g

朗姆酒糖浆（做法见 150 页）

细砂糖	65g
水	75g
朗姆酒	1 大勺（15ml）

制作过程

打发黄油

❶ 首先制作蛋糕坯。黄油软化以后，加入细砂糖。

❷ 用打蛋器打发约 5 分钟，直到黄油变得轻盈膨松、体积增大、颜色变浅。

乳化

❸ 分 3 次加入鸡蛋，并搅打均匀。每次都需要打到鸡蛋完全和黄油融合再加下一次。

❹ 拌匀的黄油如图所示。

混匀配料

❺ 低筋面粉和泡打粉混合均匀，筛入打发好的黄油里，用橡皮刮刀拌匀成面糊。然后加入牛奶，拌匀至牛奶被面糊完全吸收即可。

装模，烤焙

❻ 把一半的面糊倒入 17cm×17cm 的方烤盘里抹平，另一半面糊留下备用。没有烤盘的可以使用如图所示的自制锡纸模，参看 22 页。把烤盘放进预热好 175℃的烤箱，烤焙 10 分钟左右，直到充分膨胀，表面微金黄色。取出冷却，原味的蛋糕片就烤好了。

制作巧克力面糊，装模，烤焙

❼ 接下来制作巧克力面糊。可可粉和小苏打混合均匀，倒入热水。

❽ 将其搅拌成为糊状。

❾ 把可可糊倒入之前做好的另一半备用面糊里，翻拌均匀。把面糊倒入 17cm×17cm 的方烤盘里，放入预热至 175℃的烤箱，中层，上下火，烤 10 分钟左右。取出冷却后，巧克力味蛋糕片就烤好了。

组装双色棋格奶油蛋糕

🔟 烤好的蛋糕片可能会有凹凸不平的地方，用刀把蛋糕片表面修整齐，并把不规则的边角切掉（切下来的边角料不要丢掉，后面会用到）。

⓫ 把两种颜色的蛋糕片如图所示各切成3片。

⓬ 取一片原味蛋糕片，刷上朗姆酒糖浆。

⓭ 然后涂上一层奶油霜。

⓮ 盖上一片巧克力蛋糕片。

⓯ 再刷上朗姆酒糖浆、涂上奶油霜，并盖上原味蛋糕片。这样可以得到一条按照"黄－黑－黄"的顺序叠起来的蛋糕。再用同样的方法，制作出一条按照"黑－黄－黑"的顺序叠起来的蛋糕。把两条蛋糕都放进冰箱冷冻10分钟左右，直到奶油霜变硬。

⓰ 把冻硬的蛋糕取出来。如图所示，每一条切成3片。

⓱ 切好以后，可以得到3片颜色为"黑－黄－黑"的蛋糕片和3片颜色为"黄－黑－黄"的蛋糕片。

⓲ 取一片蛋糕片，刷上朗姆酒糖浆，涂上奶油霜。

⓳ 再盖上另一片颜色相反的蛋糕片。

⓴ 继续刷上朗姆酒糖浆、涂上奶油霜，盖上第三片颜色相反的蛋糕片。重复同样的操作步骤，一共可以得到2条棋格分布正好相反的蛋糕条。把蛋糕条再次放到冰箱冷冻室冻10分钟，直到奶油霜变硬。

㉑ 之前剩下的蛋糕边角料，放入烤箱用170℃烤10分钟左右，直到烤干。冷却后用手搓成碎屑。

㉒ 把冻好的蛋糕条取出，在各个侧面都涂上一层奶油霜。

㉓ 把涂好奶油霜的蛋糕条放进蛋糕碎屑里，使4个面都沾上蛋糕屑。切开蛋糕以后，就可以在横切面上看到整齐的棋格了。

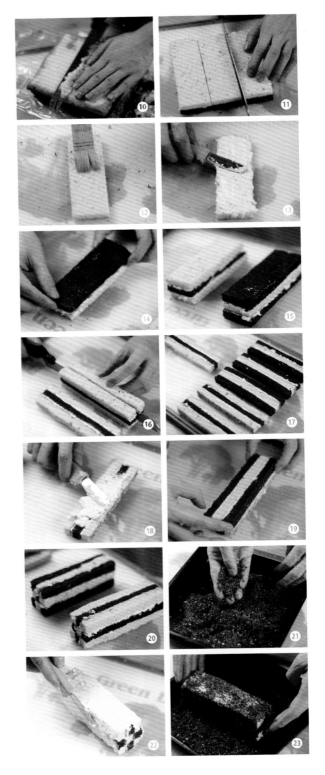

Part 4

玛德琳蛋糕

先懂基础　传说中的玛德琳

从古希腊人用烤炉烘烤出第一炉真正的"面包"开始，烘焙已经有两千多年的历史了。在这期间，出现了许多令我们感动的，制作难度与美味程度不成正比的西点。

当然，本书介绍的是蛋糕，所以其他的东西我们不多说了，只说说那些简单又格外可口的蛋糕——比如这里要介绍的玛德琳蛋糕，它甚至比传统法的麦芬蛋糕更简单，把鸡蛋、糖、粉类按顺序混合均匀，再倒入熔化后的黄油拌匀就行了。

似乎存在一条规律：任何一款著名的甜点，总会伴随着一个传说。提拉米苏如是，黑森林蛋糕如是，我们这次介绍的主角玛德琳也不例外。

玛德琳的传说，对于热爱甜点的人来说绝对不陌生。

万能的百度是这样告诉我们的：1730 年，美食家波兰王雷古成斯基流亡在法国的梅尔西城。有一天，他带的私人主厨竟然在快上甜点时玩失踪。情急之下，有个女仆临时烤了她最拿手的小点心端上去，结果这种小点心竟很得雷古成斯基的欢心。于是，人们就以女仆之名命名了这种小点心——Madeleine（玛德琳）"。

相传，在开始的时候，这种混合着黄油、柠檬香味儿的法式小点心虽然人人都爱吃，但它的具体制作方法却一直处于保密状态。如果把它当成普通磅蛋糕去制作的话，是无法复制它独特的口感的。直到漫长的一个世纪过去后，玛德琳的配方才得以公开，从此它开始正式进入普通家庭，成为著名的家庭点心。

玛德琳蛋糕还有个名字叫"贝壳蛋糕"，顾名思义，玛德琳蛋糕一定是贝壳形状的，所以它需要专用模具来烤焙。不过，如果你愿意把它放在其他小纸杯里烤出来，我也没有任何意见。

虽然玛德琳蛋糕的制作方法非常简单，没有任何复杂的步骤，但这不代表可以在制作的时候掉以轻心。

玛德琳的成功标志

一般来说，玛德琳蛋糕最关键的不是正面的美丽贝壳花纹，而是背面是否有一个高高鼓起的"大肚子"。烘烤后挺着"大肚子"的玛德琳，才会被认为是成功的。

如果我们不把玛德琳面糊装入贝壳型模具里烘烤，而是用其他或方或圆的模具烤出来，并加以适当的装饰，就可以演变出许多漂亮的蛋糕了。在本章的进阶篇里，介绍了数款用玛德琳面糊制作的装饰蛋糕，其中巧克力乳酪方形蛋糕和极简版黑森林蛋糕都是作为生日蛋糕或者节日蛋糕的不错选择。

玛德琳蛋糕非常可口，但冷藏后稍微有点硬。但如果使用糖浆湿润后，它就会表现出绵软细腻的口感，所以用玛德琳蛋糕制作的装饰蛋糕在口感上别有一番风味。这一点，在巧克力夹心方块蛋糕和屋顶蛋糕上表现得尤为突出——当你轻轻咬下去的时候，那份细腻甜蜜会让你无法自拔。

操作要诀 就这 **4** 点，足够解惑

如果你制作玛德琳蛋糕时遇到疑问，可以看看下面的几个注意事项：

（1）制作玛德琳蛋糕的时候，配方会要求将拌好的面糊冷藏静置 1 个小时。这是因为静置后的面糊会更加均匀与细致。当你时间不够的时候，可以省略此步。进阶篇里的蛋糕，因为甜点糖浆及装饰用奶油霜都会改善蛋糕的口感，因此省略了静置的步骤。当然，如果你的时间充裕，也完全可以静置 1 小时后再烤焙。

（2）因为蛋糕面糊里含有大量黄油，所以面糊的浓稠度受温度影响比较大。如果气温较低，面糊可能不会表现出明显的流动性，看上去会和书中图片里的面糊有所不同，这是正常现象。

（3）在进阶篇里有三款蛋糕都需要将面糊烤成薄的方形蛋糕片。因为蛋糕内部受热不均匀，所以烤出来的薄片蛋糕多少会有些凹凸不平的情况，这时只需要用刀将隆起的部分削平即可。

（4）进阶篇里的蛋糕，因为对蛋糕口感及质感需求的不同，使用的玛德琳蛋糕片配方与本章前两篇介绍的原味及巧克力味的玛德琳会略有不同，请根据实际配方操作。

君之说风味

✿ 这款小点心，非常适合作为送礼佳品。形状漂亮，口感上佳，送朋友、送小孩子，无论是谁收到它，都会爱不释口的。

操作要点

1. 玛德琳蛋糕使用的模具既可选择金属模具，也可选择硅胶模具。硅胶模具更易脱模，但不易上色，即使上色也容易不均匀。想烤出正面上色均匀且焦黄的玛德琳蛋糕，使用金属模具更保险。

2. 如果使用硅胶模具，注入面糊前要在模具里薄薄地涂上一层熔化的黄油，这样烤好后更容易脱模。如果使用金属模具，在模具里涂上一层黄油以后再撒一些面粉，并把多余的面粉倒出去。这样处理后的模具防粘能力最好。

3. 玛德琳面糊虽然也可以装入其他小纸杯来烤，但玛德琳的贝壳模具具有四周薄、中间厚的特点。这种造型使面糊在烤的时候四周很容易成熟定型，而中间则会继续膨胀，很容易鼓出高高的"大肚子"。如果你使用普通的纸杯来烤，则比较难烤出象征玛德琳标志的"大肚子"。

原味玛德琳

🔘 烤箱中层　🔥 上下火 190℃　🕐 13~15 分钟

配料 参考分量：7 块

低筋面粉············· 50g	黄油····················· 50g
细砂糖··············· 50g	无铝泡打粉··· 1/2 小勺（2.5ml）
柠檬的皮（切屑）······· 1/4 个	香草精····················· 少许
全蛋液········ 50g（约 1 个鸡蛋）	

准备工作

❶ 1/4 个柠檬的皮切成屑，和细砂糖混合放置 1 个小时，待香味飘出即可使用。柠檬皮要尽量用刀削去白色的部分，只选择靠外层的黄色部分，否则口感会比较苦涩。

混合鸡蛋→糖→粉类

❷ 低筋面粉和泡打粉混合后过筛到大碗里。

❸ 在另一个大碗里打入鸡蛋，并倒入细砂糖和柠檬皮屑混合物。

❹ 用手动打蛋器搅拌，混合均匀即可，不要将鸡蛋打发。

❺ 然后加入少许香草精。

❻ 倒入过筛后的低筋面粉和泡打粉。

❼ 继续用打蛋器搅拌均匀。

❽ 一直搅拌到完全混合均匀，混合物呈浓稠的泥状。

倒入熔化的黄油

⑨ 把黄油加热熔化以后，倒入混合物里（最好趁黄油温热的时候倒入）。

⑩ 再次用打蛋器搅拌均匀。

冷藏面糊

⑪ 把混合物搅拌到成为细滑的泥状后，放入冰箱冷藏 1 个小时。

装模，烤焙

⑫ 从冰箱里取出面糊，这时候面糊已经凝固。在室温下放置片刻，待面糊重新恢复到可流动的状态时，把面糊装入裱花袋，挤入玛德琳模具，大约九成满（如不使用裱花袋，也可用勺子把面糊挖入模具）。

⑬ 将模具放入预热好 190℃ 的烤箱，中层，上下火，烤 13~15 分钟。烤的时候，玛德琳会高高地鼓起来，形成一个大大的鼓包。

⑭ 烤好的玛德琳趁热脱模，然后再放在冷却架上冷却，之后就可以享用了。

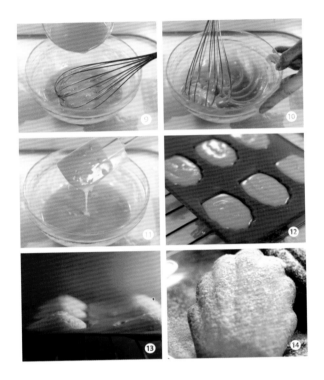

巧克力玛德琳

> 🍳 烤箱中层　🔥 上下火 190℃　🕐 13~15 分钟

配料　参考分量：7 块

低筋面粉	40g
可可粉	8g
鸡蛋	1 个
细砂糖	35g
蜂蜜	8g
黄油	45g
无铝泡打粉	1/2 小勺（2.5ml）
香草精	少许

操作要点

同 82 页"原味玛德琳"操作要点。

制作过程

混合鸡蛋→糖→粉类

❶ 低筋面粉、可可粉、泡打粉混合过筛到大碗里。

❷ 把鸡蛋打入另一个碗里，倒入细砂糖。

❸ 用手动打蛋器慢慢搅拌均匀，要避免将鸡蛋打发起泡。

❹ 倒入蜂蜜，搅拌均匀，再倒入少许香草精。

❺ 倒入过筛后的粉类混合物，用打蛋器慢慢搅拌均匀。

❻ 直到搅拌成浓稠的泥状。

倒入熔化的黄油

❼ 把黄油加热熔化以后，倒入混合物里（最好趁黄油温热的时候倒入）。

冷藏面糊

❽ 再次用打蛋器把混合物搅拌均匀，成为细滑的泥状。放入冰箱冷藏 1 个小时。

装模，烤焙

❾ 从冰箱里取出面糊，这时候面糊已经凝固。在室温下放置片刻，待面糊重新恢复到可流动的状态时，把面糊装入裱花袋，挤入玛德琳模具。大约九成满（如果不使用裱花袋，也可用勺子把面糊挖入模具）。

❿ 将模具放入预热好 190℃的烤箱，中层，上下火，烤 13~15 分钟。如果玛德琳的背面出现了高高的鼓包，一般认为是制作成功了。

⓫ 烤好的玛德琳趁热脱模，并放在冷却架上冷却，然后就可以享用了。

抹茶玛德琳

烤箱中层 | 上下火 170℃ | 约 18 分钟

配料 参考分量：9 块

低筋面粉·······················60g
细砂糖·························60g
全蛋液·········50g（约 1 个鸡蛋）
黄油·························60g

牛奶···························12g
无铝泡打粉··· 1/2 小勺（2.5ml）
抹茶粉·························3g

操作要点

1. 为了让烤出的玛德琳蛋糕底部保持抹茶的绿色，烤成漂亮的绿色小贝壳，这款玛德琳烘烤的温度比原味玛德琳要低一些，而时间也相应地要延长一些。

2. 使用硅胶模具比使用金属模具更容易制成翠绿的玛德琳蛋糕，因为硅胶模具较不容易上色。如果用金属玛德琳模具，在烤的时候，可以在烤箱底部再放上一个空烤盘，隔掉一部分热量，烤出来的效果更好。

制作过程

混合鸡蛋→糖→粉类

❶ 鸡蛋打散后，加入细砂糖搅打均匀。

❷ 加入牛奶，继续搅打均匀。

❸ 低筋面粉、抹茶粉、泡打粉混合后筛入鸡蛋混合物里。

❹ 用打蛋器继续搅拌均匀，使其成为细滑的面糊。

倒入熔化的黄油

❺ 黄油隔水加热熔化成液态以后，把温热的黄油倒入面糊里。

❻ 用打蛋器搅拌到黄油和面糊完全融合，呈图片所示的流动状面糊。

冷藏面糊，装模，烤焙

❼ 把面糊放入冰箱冷藏 1 个小时，之后拿出，此时面糊会变硬。将面糊在室温下回温片刻，待重新具有流动性以后装入裱花袋，挤入涂了薄薄一层黄油的玛德琳蛋糕模具，然后将其放入预热好 170℃的烤箱，中层，上下火，烤 18 分钟左右，直到完全膨胀即可出炉。

❽ 烤好的玛德琳趁热脱模，并放在冷却架上冷却，之后就可享用了。

君之说风味

❀ 小小的改变总能带来别样的惊喜。以玛德琳面糊制成的蛋糕片，刷上朗姆酒糖浆，涂上巧克力奶油霜，并裹上巧克力淋酱以后，散发出别样的魅力，细腻丰富柔软——完全超越了玛德琳蛋糕本身的口感。

操作要点

此配方分量较小，如果你想制作更多的方块蛋糕，可以将配料翻倍后制作两片完整的玛德琳蛋糕片。不用将蛋糕片对半切开，而是直接将其中一片刷上糖浆、涂上奶油霜、再盖上另一片，就可以切成 16 块方块蛋糕。

巧克力夹心
方块蛋糕

🔥 烤箱中层　　🔥 上下火 190℃　　🕐 约 8 分钟

配料　参考分量：8 块

原味玛德琳蛋糕片

低筋面粉	50g
细砂糖	50g
鸡蛋	1 个
黄油	50g
无铝泡打粉	1/2 小勺（2.5ml）
香草精	少许

巧克力夹心

巧克力奶油霜（做法见 154 页）	60g

巧克力淋酱

黑巧克力	100g
牛奶	50g

朗姆酒糖浆（做法见 150 页）

细砂糖	65g
水	75g
朗姆酒	1 大勺（15ml）

制作过程

混合鸡蛋→糖→粉类

❶ 碗里打入鸡蛋，加入细砂糖和香草精。

❷ 用打蛋器搅拌均匀，轻轻搅拌即可，不要将鸡蛋打发。

❸ 低筋面粉和泡打粉混合后筛入鸡蛋混合物里。

❹ 用打蛋继续搅拌均匀，成为稀面糊。

倒入熔化的黄油

❺ 黄油加热熔化成液态后，倒入面糊里。

❻ 用打蛋器搅拌到黄油完全被面糊吸收，成为如图所示浓稠的面糊。

装模，烤焙

❼ 将面糊倒入铺了锡纸或油纸的边长 18cm 的方烤盘里，并用刮刀抹平。把烤盘放进预热好 190℃的烤箱，中层，上下火，烤 8 分钟左右即可出炉。

组装方块蛋糕

❽ 待蛋糕冷却后，从中间将蛋糕切成两半。

❾ 取一半蛋糕，用毛刷蘸朗姆酒糖浆刷在蛋糕上。

❿ 然后在蛋糕上抹上巧克力奶油霜。

⓫ 盖上另一片刷了朗姆酒糖浆的蛋糕片，然后把蛋糕片放入冰箱冷冻 15 分钟，直到奶油霜变硬。

⓬ 取出冷冻好的蛋糕，用刀将蛋糕切成 8 个小方块。

制作巧克力淋酱

⓭ 将黑巧克力切碎后加入牛奶，把盛有牛奶、巧克力的碗放到热水中加热，直到巧克力完全熔化成为巧克力淋酱。把切好的小方块蛋糕分别浸入到温热的巧克力淋酱里，使蛋糕周围都裹上一层巧克力淋酱。

⓮ 把蛋糕取出并放到冷却架上，直到巧克力淋酱完全凝固。

君之说风味

✿ 黑森林蛋糕是德国的著名蛋糕，是一种在制作过程中加入了樱桃汁和樱桃酒的奶油蛋糕。这里介绍的这款"黑森林"蛋糕，模仿了传统黑森林蛋糕的外形，但是使用了制作极为简单的玛德琳蛋糕面糊作为蛋糕体，无论是材料还是装裱过程都十分简单，所以称为极简版黑森林蛋糕。

操作要点

裱花使用的材料是打发的淡奶油。淡奶油在冷藏 12 小时后更容易打发，且打发的时候要注意打发的程度，打到淡奶油可以保持花纹的程度即可。如果打过头，淡奶油可能会成为豆腐渣状。

极简版黑森林蛋糕

🥧 烤箱中层　🔥 上下火 175°C　🕐 约 30 分钟

配料 参考分量：6 寸圆形蛋糕 1 个

巧克力玛德琳蛋糕片

低筋面粉	120g
可可粉	25g
全蛋液	150g（约 3 个鸡蛋）
细砂糖	120g
黄油	135g
无铝泡打粉	4g
小苏打	1g
香草精	1/2 小勺（2.5ml）

装饰材料

动物性淡奶油	200ml
细砂糖	30g
罐头黑樱桃	半罐
巧克力屑（做法见 19 页）	60g

朗姆酒糖浆（做法见 150 页）

细砂糖	65g
水	75g
朗姆酒	1 大勺（15ml）

制作过程

制作蛋糕片

❶ 参照巧克力乳酪方形蛋糕中巧克力玛德琳蛋糕面糊做法（97 页），做好蛋糕面糊。将蛋糕面糊倒入 6 寸的蛋糕圆模，放入预热好 175℃的烤箱，中层，上下火，烤 30 分钟左右，取出冷却并脱模。

❷ 冷却后的蛋糕，把顶部削平，然后横切成三片。

打发淡奶油

❸ 在 200ml 动物性淡奶油里加入 30g 细砂糖，用打蛋器打发。

❹ 把动物性淡奶油搅打到图中所示的程度即可。此时淡奶油比较坚挺，可以保持清晰的花纹。

组装蛋糕

❺ 将一片蛋糕片放在裱花台上，用毛刷蘸朗姆酒糖浆刷在蛋糕片上。

❻ 用抹刀挖起打发的淡奶油，涂抹在刷过糖浆的蛋糕片上。

❼ 将罐头黑樱桃滤干水分后，把黑樱桃对半切开，如图所示，铺在抹好的淡奶油上。

❽ 再次涂抹上一层打发的淡奶油，把黑樱桃全部盖住。

❾ 接着铺上第二片蛋糕片。

❿ 重复这个过程（刷朗姆酒糖浆→涂抹淡奶油→铺黑樱桃→再次涂抹淡奶油），然后盖上第三片蛋糕片，并刷上朗姆酒糖浆。

⓫ 用打发的淡奶油涂抹蛋糕的顶部和侧面，使整个蛋糕都涂上一层淡奶油。

⓬ 用橡皮刮刀铲起巧克力屑，粘在蛋糕的侧面。

⓭ 把剩下的淡奶油装入裱花袋，用裱花嘴在蛋糕顶部的最外边一圈挤上奶油花，然后在蛋糕的中间堆上剩下的黑樱桃即可。

操作要点

1. 屋顶蛋糕和后面的巧克力乳酪方形蛋糕一样，也是使用巧克力玛德琳蛋糕片作为蛋糕主体。不过制作屋顶蛋糕所需要的蛋糕片分量只有巧克力乳酪方形蛋糕的 1/3。但它们的制作方法是完全一致的。

2. 蛋糕片必须厚薄均匀，做出来的"屋顶"才会美观。不过一般情况下，烤好的蛋糕片不可避免地会有些凹凸不平，这时候可以用刀贴着蛋糕表面，把较厚的部分削薄，使蛋糕片的厚薄一致。

3. 把蛋糕片分切成 4 片的时候，每片的大小要一致，必要的时候可以借助尺子。

4. 要等奶油霜冻硬以后再淋上巧克力淋酱。否则，巧克力淋酱的温度会使奶油霜熔化从而和淋酱混合在一起，这样做出来的"屋顶"表面会坑坑洼洼，极不美观。

屋顶蛋糕

🍰 烤箱中层　🔥 上下火 190℃　🕐 约 8 分钟

配料 参考分量：1 条

巧克力玛德琳蛋糕片

低筋面粉	40g
可可粉	8g
全蛋液	50g（约 1 个鸡蛋）
细砂糖	40g
黄油	45g
无铝泡打粉	1/2 小勺（2.5ml）
香草精	1/4 小勺（1.25ml）

夹心及粘合材料

奶油霜（做法见 152 页）120g

巧克力淋酱

黑巧克力	80g
牛奶	40g
黄油	20g

朗姆酒糖浆（做法见 150 页）

细砂糖	65g
水	75g
朗姆酒	1 大勺（15ml）

制作过程

制作蛋糕片

❶ 参照巧克力乳酪方形蛋糕中巧克力玛德琳蛋糕片的做法（97页），做出一片边长为18cm的蛋糕片。

组装蛋糕

❷ 将冷却后的蛋糕片切成大小相等的4个长条。取其中1个长条，刷上一层朗姆酒糖浆。

❸ 刷完糖浆后，涂上一层奶油霜。

❹ 盖上第二片长条形蛋糕片。

❺ 继续刷上朗姆酒糖浆，抹上奶油霜，盖上第三片长条形蛋糕片。重复这个过程，直到4片蛋糕片都如图所示地叠起来，成为一个长方体的蛋糕条。把蛋糕条放进冰箱冷冻15分钟，直到奶油霜变硬。

❻ 把冷冻好的蛋糕条取出来，沿着对角线将其切成两半，成为2个三棱柱（不需要严格按照对角线来切，两个斜边各留出一点点距离，做出来的屋顶蛋糕会更美观）。

❼ 把2个三棱柱背对背放好，在中间涂上奶油霜。

❽ 使2个三棱柱背对背粘合起来，拼成屋顶的形状。

❾ 在蛋糕的整个表层都涂上一层奶油霜。把涂好奶油霜的蛋糕放进冰箱冷冻15分钟以上，直到奶油霜变硬。

制作巧克力淋酱

❿ 黑巧克力切小块，和牛奶、黄油混合后，隔水加热并不断搅拌，直到巧克力和黄油全部熔化，成为巧克力淋酱。

淋酱，切分

⓫ 蛋糕上的奶油霜冻硬以后，取出来放在网格架上，将温热的巧克力淋酱均匀地淋在蛋糕上。然后静置等待，直到巧克力淋酱凝固不粘手。

⓬ 把蛋糕取下，切成每片宽2cm的小片屋顶蛋糕。

多重滋味蛋糕

🎂 烤箱中层　🔥 上下火 190℃　🕐 8分钟左右

配料　参考分量：8 块

原味玛德琳蛋糕片

低筋面粉·························· 50g
细砂糖···························· 50g
全蛋液······ 50g（约 1 个鸡蛋）
黄油······························ 50g
无铝泡打粉···1/2 小勺（2.5ml）
香草精···························· 少许

巧克力玛德琳蛋糕片

低筋面粉·························· 40g
可可粉····························· 8g
全蛋液······ 50g（约 1 个鸡蛋）
细砂糖···························· 40g
黄油······························ 45g
无铝泡打粉···1/2 小勺（2.5ml）
香草精······ 1/4 小勺（1.25ml）

夹心材料

巧克力奶油霜（做法见 154 页）
································· 60g
巧克力淋酱（做法见 151 页）
································· 60g
巧克力榛子酱················ 60g

朗姆酒糖浆（做法见 150 页）

细砂糖···························· 65g
水······························· 75g
朗姆酒··············1 大勺（15ml）

君之说风味

❇ 这是一款具有无限可能的蛋糕，各种不同的夹馅、不同口味蛋糕片、糖浆组合起来，使蛋糕拥有了复杂的多重滋味。

操作要点

在我们制作各种蛋糕的时候，总会出现材料剩余的情况。如制作巧克力夹心方块蛋糕，可能会有巧克力奶油霜和巧克力淋酱剩余；制作乳酪方形蛋糕，可能会有乳酪馅剩余。之所以制作这款多重滋味蛋糕，也是为大家提供一个解决剩余材料的好方法：将这些剩余材料全都组合起来，又是一个全新的蛋糕。所以，这款蛋糕的夹心材料并不固定，巧克力奶油霜也可以换成原味奶油霜，巧克力榛子酱也可以换成蓝莓乳酪馅等等。根据自己的条件，尽情制作属于自己的多重滋味蛋糕吧。

制作过程

制作蛋糕片

❶ 先根据巧克力夹心方块蛋糕中的制作方法（89 页）制作一片边长为 18cm 的原味玛德琳蛋糕片。

❷ 再根据巧克力乳酪方形蛋糕中的制作方法（97 页）制作一片边长为 18cm 的巧克力玛德琳蛋糕片。

组装蛋糕

❸ 把冷却后的原味玛德琳蛋糕片切成两半。

❹ 将巧克力玛德琳蛋糕片也切成两半。这样，得到原味及巧克力味蛋糕片各两片。

❺ 取一片巧克力蛋糕片，用毛刷蘸朗姆酒糖浆刷在表面。

❻ 再用抹刀涂上一层凝固后的巧克力淋酱。

❼ 然后盖上一片原味蛋糕片，刷上糖浆后，涂上一层巧克力榛子酱。再盖上一片巧克力蛋糕片，刷上糖浆后，涂上一层巧克力奶油霜。

❽ 盖上最后一片原味蛋糕片，淋上温热的巧克力淋酱。

❾ 待巧克力淋酱凝固后，将蛋糕四周不规则的表面切掉，露出整齐的切面，再将蛋糕横切成 8 小块即可。

巧克力乳酪方形蛋糕

烤箱中层　上下火 190℃　约 8 分钟

配料　参考分量：15cm×15cm 方形蛋糕 1 个

巧克力玛德琳蛋糕片

低筋面粉	120g
可可粉	25g
鸡蛋	3 个（约 50g/ 个）
细砂糖	120g
黄油	135g
无铝泡打粉	4g
小苏打	1g
香草精	1/2 小勺（2.5ml）

蓝莓乳酪奶油

牛奶	100g
细砂糖	60g
蛋黄	1 个
低筋面粉	5g
玉米淀粉	5g
香草精	1/4 小勺（1.25ml）
蓝莓味再制乳酪（或奶油奶酪）	140g
黄油	65g

朗姆酒糖浆（做法见 150 页）

细砂糖	65g
水	75g
朗姆酒	1 大勺（15ml）

表面装饰

巧克力酱或巧克力榛子酱	65g
带皮扁桃仁（切碎）	20g

君之说风味 ～～～～～～

✿ 这款蛋糕里使用的是蓝莓味的再制乳酪，因此奶酪馅带有浅浅的颜色。你也可以购买其他口味的调味乳酪，或者直接用奶油奶酪来制作这款蛋糕，味道一样可口。

✿ 这款蛋糕的制作步骤虽然比较多，可是难度却不高，如果有时间，试试看吧！它很可口，也很漂亮。自己吃，很有满足感，而送人，更是倍儿有面子。

操作要点

1. 制作这款蛋糕，使用到方形的烤盘。如果你没有方形烤盘，可以用 1 个 8 寸的圆模来烤，然后切去周围有弧边的部分，只留中间的方形部分就可以了，或者使用自制锡纸模（22 页）。

2. 蛋糕表面的巧克力酱，用的是市售巧克力榛子酱，因此颜色比巧克力酱要浅。你可以购买市售的巧克力榛子酱，也可以自制巧克力淋酱（151 页），待凝固后使用。

制作过程

制作蛋糕片

❶ 先制作巧克力玛德琳蛋糕片。把鸡蛋打入碗里，加入细砂糖，用打蛋器搅拌均匀。鸡蛋打散即可，不要打发。

❷ 在打散的鸡蛋里加入香草精。

❸ 低筋面粉、可可粉、泡打粉、小苏打混合后筛入鸡蛋里。

❹ 用橡皮刮刀翻拌均匀，成为面糊。

❺ 黄油切成小块，隔水加热熔化，趁黄油温热的时候，倒进面糊里。

❻ 继续翻拌，使黄油和面糊混合均匀。

❼ 将 1/3 的面糊倒入铺了锡纸或油纸的边长为 18cm 的方烤盘里，并用刮刀抹平。把烤盘放进预热好 190℃ 的烤箱，中层，上下火，烤 8 分钟左右即可。将剩下的面糊用同样的方法烤出片状蛋糕，一共烤 3 片。

制作蓝莓乳酪奶油

❽ 蛋黄用打蛋器打到浓稠，颜色略发白。

❾ 低筋面粉和玉米淀粉混合过筛，筛入蛋黄糊里。

❿ 用打蛋器轻轻搅拌，使面粉和蛋黄糊混合均匀。

⓫ 牛奶加细砂糖，倒入奶锅里煮至沸腾。把煮沸的牛奶缓缓地倒 1/3 入第 ❿ 步做好的蛋黄面糊里。边倒边不停地搅拌，防止蛋黄面糊结块。

⓬ 搅拌均匀后，把搅拌好的蛋黄面糊全部倒回牛奶锅里，并轻轻拌匀，再加入香草精。

⓭ 奶锅重新用小火加热，边加热边不停搅拌，直到面糊沸腾、变得浓稠后，立即离火。这个时候制得的浓稠物称为蛋乳泥。马上在煮好的蛋乳泥里加入蓝莓味再制乳酪（或奶油奶酪），不停地搅拌直到奶酪受热后软化，并完全和蛋乳泥混合在一起，成为柔滑细腻的状态，然后放至完全冷却。

⓮ 黄油软化以后，用打蛋器打发，直到体积膨松、颜色发白。

⓯ 把第 ⓭ 步煮好的奶酪蛋乳泥倒入黄油里，用橡皮刮刀拌匀。

⓰ 一直翻拌到均匀、细滑的状态，蓝莓乳酪奶油就做好了。

组装蛋糕

⓱ 烤好的巧克力蛋糕，每一片都切去边角的不规则部分，切成 15cm×15cm 的正方形。取一片蛋糕片，底部朝上，在表面和侧面都刷上足量的糖浆，使蛋糕完全湿润。

⓲ 蓝莓乳酪奶油装入裱花袋，按照图中所示的方式挤在巧克力蛋糕片上。

⓳ 盖上第二片巧克力蛋糕，同样底部朝上，刷上足量的糖浆。

⓴ 继续挤上蓝莓乳酪奶油。

㉑ 盖上第三片巧克力蛋糕，同样底部朝上，刷上足量糖浆，挤上蓝莓乳酪奶油。最后按照图中所示的方式挤上巧克力酱，并撒上切碎的扁桃仁即可。做好的蛋糕放进冰箱冷藏一晚，口味更佳哦！

Part 5
布朗尼蛋糕

先懂基础 意外中产生的美妙甜点

当提笔介绍布朗尼的时候，我更加相信，但凡著名的甜点，总会伴随着一个传说。

布朗尼的传说甚至有多个版本，至少我就能随口说出两个

在其中一个传说中，某位黑人老嬷嬷系着围裙，在厨房里做蛋糕。当她将面糊送入烤箱，期盼着能烤出松软可口的巧克力蛋糕时，突然想起自己忘记了打发黄油。另一个传说中，老嬷嬷变身为某糕点师。她在制作蛋糕的时候一时粗心，犯了一个重大错误——忘记了添加泡打粉。

不管哪个传说，其结果都是一样的：本以为一定做出了失败的作品，出炉后的效果却出乎意料地好。因为意外而做出的质地绵密、口感浓郁的巧克力蛋糕尝起来异常美味。布朗尼蛋糕由此诞生。

两个传说的真实性已经无法考证，但它们各自说对了一件事情：传统的布朗尼是一种既没有打发黄油，又没有添加泡打粉的质地绵密的巧克力蛋糕。

说到这里，读者们一定乐了——这又是一款异常简单的蛋糕。不需要任何打发，只需要将材料都混合在一起就行了，还不够简单吗？这次甚至连泡打粉都不用呢！

因为布朗尼不使用膨松剂的特点，它的口感比较密实，浓浓的巧克力与黄油是它的招牌，无可争议地宣告自己的美味。也因为口感的这一特点，布朗尼是很难归类的。有很多烘焙师认为，布朗尼不是蛋糕，而应该归类为饼干。

只有西点店或者咖啡厅的人不为这个问题烦恼。因为以布朗尼如此美妙的滋味，如果和简单的饼干归为一类，实在是有煞风景。当我们坐在飘着舒缓音乐的咖啡厅，很享受地为自己点上一份布朗尼的时候，它当然得是蛋糕！

布朗尼的配方在现代同样经过了无数次演变和改良，有的配方打发了鸡蛋，有的配方打发了黄油，有的配方添加了泡打粉，但无论怎样它们还是没有脱离布朗尼的范畴。

巧克力口味蛋糕 ≠ 布朗尼

因为布朗尼的魅力极大，几乎成了巧克力蛋糕的代名词，这也使一部分人产生了误解，认为凡是巧克力口味的蛋糕就是布朗尼。实际上，如前所述，只有足量的巧克力、黄油，混合入鸡蛋、少量面粉制成的绵密醇厚的巧克力蛋糕，才能被称为布朗尼。

在本章里，馥郁布朗尼、大理石乳酪布朗尼、松软布朗尼、松露布朗尼蛋糕都完美地体现了传统布朗尼的魅力。巧克力双享布朗尼是一款演变之后的布朗尼配方，打发了鸡蛋。这也是本书里出现的第一个需要打发鸡蛋的配方。一般来说，打发鸡蛋的配方都涉及到翻拌的手法、鸡蛋泡沫的消泡等问题，制作难度相对较大。之所以介绍这款，是为了让读者能够体会到传统布朗尼与演变后的布朗尼的区别。尊享布朗尼也是一道非常值得推荐的蛋糕，它具有优雅而低调的外形，一般在蛋糕店都会作为顶级蛋糕出售，自己在家制作并与亲朋好友一起分享，是一件倍儿有面子的事情哦！

操作要诀　选对原料，看好时间

制作布朗尼的关键

（1）烘焙师们制作布朗尼蛋糕的时候，通常使用苦甜巧克力、苦巧克力作为原料。家庭制作时，原料级的巧克力不易购买到，使用超市里出售的成品黑巧克力（Dark Chocolate）即可（图①）。不要使用牛奶巧克力或其他口味的巧克力。

（2）布朗尼内部含有丰富的巧克力和黄油，在刚烤好的时候，内部是较为湿润的，难以用刀切块，将其放入冰箱冷藏4个小时后方可切块。这里要注意的是，烤体积较小或较薄的布朗尼时，如果烤的时间太长，容易烤过头，使布朗尼内部的水分丧失过多，这样的布朗尼一烤好就能很轻松地切块，但因为烤过头了，所以口感较为干硬。

（3）本书介绍的布朗尼多使用长条形小蛋糕模作为模具（图②）。但布朗尼的模具并不局限于此，小的烤盘、圆形蛋糕模、各种形状的纸模都可以用来烤布朗尼。布朗尼最常见的形式是用方形烤盘烤好后，切成小巧的片状或块状（图③、图④）。

君之说风味

✿ 顾名思义，这是一款口感馥郁浓厚的布朗尼，制作简单快捷，入口回味无穷，特别适合当作下午茶享用。

✿ 无论是冷藏后切块食用，还是出炉后趁热吃，布朗尼的口感都非常不错。

操作要点

1. 布朗尼面糊内的面粉含量很少，所以不需要像普通蛋糕一样使用低筋面粉。相反，为了增加面筋强度而需要使用高筋面粉。如果没有高筋面粉，用中筋面粉（普通面粉）也可以。

2. 布朗尼在烤制的过程中受热膨胀，会胀得比模具稍高，但出炉后会回落，此为正常现象。

3. 布朗尼含有大量巧克力和黄油，因此刚出炉的时候内部仍然是较湿软、黏腻的状态，此时的布朗尼无法切块，需要放到冰箱冷藏4个小时以后才能非常容易地切块。如果不想切块，刚出炉后即可品尝。

4. 核桃仁事先用烤箱170℃烘焙一会儿，烤出香味后冷却再用，会更香哦。

馥郁布朗尼

🔘 烤箱中层　🔥 上下火 190℃　🕐 25~30 分钟

配料　参考分量：1 条

黑巧克力·················· 70g
黄油···················· 50g
全蛋液········ 50g（约 1 个鸡蛋）
细砂糖················· 35g

香草精········ 1/2 小勺（2.5ml）
高筋面粉··············· 30g
核桃仁（切碎）············· 25g

制作过程

熔化黄油和巧克力

❶ 黑巧克力和黄油切成小块放入碗里。

❷ 把碗放入热水中，隔水加热并不断搅拌，直到巧克力和黄油完全熔化成液态，然后把碗从水里取出来。

混匀配料

❸ 在液态的巧克力液里加入细砂糖，并搅拌均匀。

❹ 加入打散的鸡蛋。鸡蛋需要是室温状态，如果是冷藏室里拿出来的鸡蛋，需回温后再用。

❺ 用打蛋器搅拌均匀，再加入香草精搅拌均匀。

❻ 筛入高筋面粉，并搅拌成面糊。

❼ 倒入切碎的核桃仁，并搅拌均匀。

装模，烤焙

❽ 把面糊倒入模具，九成满。放入预热好 190℃的烤箱，中层，上下火，烤 25~30 分钟。

君之说风味

✿ 这是一款用足量的巧克力和乳酪做出的带有大理石花纹的布朗尼，热量不低，却拥有最高级的口感，只一小块就足以令人陶醉。

操作要点

1. 制作乳酪糊的时候，可以灵活控制乳酪糊的稠度。如果乳酪糊太稠难以抹开，可以多添加一些鸡蛋，但不能加得太多，乳酪糊太稀也会难控制，不容易划出花纹。

2. 布朗尼的注意事项，请参考"馥郁布朗尼"（102 页）。

大理石乳酪布朗尼

🕐 烤箱中层　🔥 上下火 190°C　⏱ 25~30 分钟

配料　参考分量：2 条

布朗尼面糊

黑巧克力	90g
黄油	65g
全蛋液	65g
细砂糖	45g
香草精	1/2 小勺（2.5ml）
高筋面粉	40g

乳酪糊

奶油奶酪	100g
细砂糖	25g
香草精	1/4 小勺（1.25ml）
全蛋液	20g

制作过程

熔化黄油和巧克力，加糖搅匀

❶ 黑巧克力、黄油切小块装入
碗里，隔热水加热并不断搅
拌至熔化后，加入细砂糖搅
拌均匀。

制作布朗尼面糊

❷ 加入打散的鸡蛋、香草精，
继续搅拌均匀。

❸ 筛入高筋面粉，搅拌均匀即
成布朗尼面糊。

制作乳酪糊

❹ 奶油奶酪室温软化以后，加
入细砂糖和香草精，用打蛋
器打至细滑无颗粒的状态。

❺ 加入全蛋液，并搅打均匀。

❻ 搅打好的乳酪糊十分柔滑且
细腻。

装模，烤焙

❼ 先在模具里倒入占模具高度
一半的布朗尼面糊。

❽ 再倒入一部分乳酪糊。

❾ 如此交替倒入 2~3 次布朗尼
面糊和乳酪糊，直到模具九
成满。

❿ 把牙签插入面糊，划出大理
石纹路。把模具放入预热好
190℃的烤箱，中层，上下火，
烤 25~30 分钟。

君之说风味

❀ 这是一款需要打发鸡蛋的布朗尼。和传统的布朗尼有所不同，制作难度也有所增加。之所以介绍这款布朗尼，是为了让读者能有一个比较，看看最传统的不需要打发且无任何膨松剂的布朗尼，与经过发展演变后的布朗尼究竟有何区别，也让读者能更直观地体会到它们在口感、制作方法上的巨大差异。

操作要点

1. 熔化后的巧克力黄油混合液要冷却到室温再用，否则混合搅拌的时候可能造成配方里的白巧克力遇热熔化，无法保持碎颗粒的形状。而在蛋糕烘焙的时候，由于不需要搅拌，所以不需要担心白巧克力会熔化。

2. 全蛋的打发比较困难，全蛋在 40℃ 左右更好打发，所以打发的时候可以将打蛋盆放在热水里，会容易打发一些。打发好的全蛋糊非常浓稠，当你提起打蛋器，可以用滴落的面糊在打蛋盆里画出花纹，并且花纹可以保持较长时间不消失。

巧克力双享
布朗尼

🍳 烤箱中层　🔥 上下火 170℃　🕐 约 30 分钟

配料　参考分量：2 条

全蛋液…… 100g（约 2 个鸡蛋）	白巧克力（切碎）………… 60g
细砂糖…………………… 90g	黑巧克力………………… 70g
核桃仁（切碎）………… 60g	黄油……………………… 70g
低筋面粉………………… 65g	

制作过程

熔化黄油和巧克力

❶ 黑巧克力和黄油切成小块放入碗里，隔水加热并不断搅拌至熔化。冷却至室温备用。

打发鸡蛋

❷ 把鸡蛋打入另一碗中，加糖，并用打蛋器打发。即打到浓稠的状态，提起打蛋器后，蛋糊能顺着打蛋器缓缓流下，滴落到碗里后纹路不会消失。

混匀配料

❸ 在打发的鸡蛋里加入白巧克力碎、核桃仁碎（各剩 1/3，留待撒表面），拌匀。

❹ 倒入过筛后的低筋面粉，用橡皮刮刀小心地翻拌均匀，成为面糊。

❺ 向面糊里倒入第 ❶ 步中熔化的巧克力和黄油。

❻ 用橡皮刮刀翻拌均匀，即成蛋糕糊。

装模，烤焙

❼ 把蛋糕糊倒入涂了黄油或者垫了烘焙纸的长条模具里，八分满。

❽ 在表面撒上剩下的白巧克力碎和核桃仁碎。放进预热好 170℃ 的烤箱，中层，上下火，烤大约 30 分钟。出炉待冷却后脱模即可。放入冰箱冷藏 4 个小时以后切成小片食用。

君之说风味

❋ 这是一款制作超级简便的巧克力蛋糕。与传统布朗尼不同，它使用了泡打粉，拥有更类似蛋糕的松软口感。节日欢聚的时候，推荐大家准备这款美味。准备好原料后，几分钟就能制作完成，我们接下来需要的，只是静静地等待它在烤箱中烘烤完成而已！

操作要点

1. 刚烤好的布朗尼非常软，要完全冷却后才能切块，否则容易散。如果放入冰箱冷藏后再切块，会更容易切出漂亮的方块。

2. 要把握好布朗尼的烘烤时间，时间过长，会使口感变干。

3. 切好的布朗尼，可以随时用来招待朋友，但吃之前加热一下，口感会更好哦。

松软布朗尼

● 烤箱中层　🔥 上下火 180℃　🕐 约 20 分钟

配料　参考分量：边长为 6 英寸的方形模具一个

低筋面粉	45g	朗姆酒	1 大勺（15ml）
黑巧克力	80g	牛奶	1 大勺（15ml）
黄油	60g	熟核桃仁	45g
细砂糖	50g	无铝泡打粉	1/2 小勺（2.5ml）
鸡蛋	1 个		

制作过程

准备工作

❶ 黑巧克力切小块，鸡蛋打散。核桃仁如果是生的，提前用烤箱烤熟，并切碎（170℃烤7~8分钟，烤出香味）。

熔化黄油和巧克力

❷ 将黄油和黑巧克力切成小块，倒入大碗里。

❸ 隔水加热或用微波炉加热，并搅拌至黄油和巧克力完全熔化。

混匀配料

❹ 在黄油巧克力混合液中加入细砂糖，搅拌均匀，再加入打散的鸡蛋，搅拌均匀。最后加入朗姆酒，搅拌均匀。

❺ 低筋面粉和泡打粉混合过筛，筛入上一步的巧克力混合物里（泡打粉是形成蛋糕松软结构的必要成分，不可以省略）。

❻ 将其搅拌均匀。

❼ 再加入牛奶，搅拌均匀。

❽ 加入 2/3 的核桃碎，搅拌均匀，面糊就制作完成了。

装模，烤焙

❾ 将面糊倒入涂了黄油防粘的模具里。

❿ 表面撒上剩下的核桃碎。放入预热好 180℃的烤箱，中层，上下火，烤20分钟左右，直到完全膨胀起来。出炉待冷却后脱模，切成小块食用。

操作要点

1. 这款蛋糕需要用水浴法烤制，以保持蛋糕柔嫩的口感，蛋糕并没有添加泡打粉等膨松剂，也不打发鸡蛋或黄油，所以口感是十分密实的。但在烘烤的时候，由于水蒸气的膨胀力，蛋糕会膨胀得很高，出炉后冷却的过程中会慢慢塌下去，这都是正常现象。烤的时间需要根据模具大小及烤箱的实际温度酌情调整，烤到蛋糕完全膨胀起来，无流动感就说明烤熟了。

2. 蛋糕如果冷藏不充分，口感会过于湿润，也不好切块（会粘刀），所以建议不要心急，冷藏过夜后再切块。蛋糕只有在彻底冷藏后，口感才会达到最佳哦！据说这款蛋糕在 4℃ 左右口感最好。

3. 建议使用可可含量 55% 左右的黑巧克力来制作这款蛋糕，以达到最适宜的口感。如果你使用可可含量太高的巧克力，糖的用量可能需要酌情增加，不然会偏苦哦。

4. 因为要采用水浴法烤制，如果你的模具底部不是全封闭的，为了避免进水，需要用锡纸在模具底部包裹一层后，再将模具放入装了水的烤盘里。

5. 配料里只需 10g 面粉——绝对没有写错，所以蛋糕刚出炉的时候十分娇嫩。同时因为它含有大量巧克力与黄油，在彻底冷藏后会达到理想的硬度。千万别多加面粉了，否则蛋糕冷藏后就太硬了。

松露布朗尼蛋糕

🔘 烤箱中下层　🔥 上下火 175℃　🕐 水浴法约 45 分钟

配料　参考分量：水果条模具一条

黑巧克力	100g
全蛋液	75g
全脂牛奶	75g
黄油	75g
细砂糖	60g
高筋面粉	10g

表面装饰

可可粉	适量

君之说风味

❀ 开篇就说过，布朗尼是一款口感介于蛋糕和饼干之间的巧克力甜点。但这款"布朗尼"，我给它大大方方地加上了"蛋糕"二字，是因为这款配方，在传统布朗尼配方的基础上，加入了大量牛奶，使它拥有极为柔润的口感，完全向蛋糕靠拢了。

❀ 这款蛋糕，用可可粉包裹着柔软内心，醇厚，微苦，有恰到好处的柔润口感，在节日里招待朋友的餐单上，给它留一个小小的位置吧，一定会让你的朋友们赞不绝口。

制作过程

熔化黄油和巧克力

❶ 牛奶、细砂糖倒入奶锅，用小火加热并搅拌，直到糖全部溶解。继续加热至沸腾后立刻关火。

❷ 倒入切成小块的黑巧克力，用耐热刮刀或木铲等工具搅拌至巧克力完全熔化。

❸ 再加入切成小块的黄油，继续搅拌至黄油熔化。

混匀配料

❹ 将拌匀的巧克力混合物倒入打散的鸡蛋液里（或把鸡蛋液倒入巧克力混合物里），搅拌均匀。

❺ 将面粉倒入混合物里。

❻ 继续搅拌均匀，面糊就做好了。

装模，烤焙

❼ 模具内壁涂一层薄薄的黄油，将面糊倒入模具里。

❽ 将模具放入烤盘，烤盘里倒入开水。把烤盘放入预热好175℃的烤箱，中下层，上下火，烤45分钟左右。当蛋糕完全膨胀起来，摇晃模具的时候，蛋糕无流动感，就可以出炉了。

冷藏，装饰

❾ 出炉的蛋糕，冷却片刻后，小心地从模具里倒出来。用保鲜膜包好，放入冰箱冷藏过夜。

❿ 冷藏后的蛋糕，用刀切成小块，放入可可粉里滚一圈，使表面粘上一层可可粉，就可以享用了。

尊享布朗尼

烤箱中层　上下火 170℃　12~15 分钟

配料　参考分量：13cm×13cm 方形蛋糕 1 个

布朗尼配料

黑巧克力·················· 150g
黄油······················ 70g
细砂糖···················· 50g
牛奶·········· 3 大勺（45ml）
高筋面粉·················· 60g
鸡蛋····················· 3 个
可可粉···················· 15g
盐········· 1/4 小勺（1.25ml）
香草精····· 1/2 小勺（2.5ml）

夹心及粘合材料

巧克力奶油霜（做法见 154 页）
························· 200g

巧克力淋酱

黑巧克力·················· 60g
牛奶······················ 30g
黄油······················ 15g

朗姆酒糖浆（做法见 150 页）

细砂糖···················· 65g
水······················· 75g
朗姆酒·········· 1 大勺（15ml）

表面装饰

切碎的开心果仁·········· 适量

君之说风味

✿ 蛋糕做好，冷藏 4 个小时后食用口感更佳。因为糖浆、布朗尼、巧克力奶油霜在数小时后才会更好地融合在一起，蛋糕的风味才能更好地展现出来。而且，冷藏后奶油霜变硬，将四边切掉的时候会更整齐漂亮。

操作要点

1. 这款蛋糕的成品尺寸大约为 13cm×13cm。但因为最后需要将四边切去一些，所以烤制的布朗尼蛋糕片尺寸要稍大一些。在制作时，建议大家用 14cm×14cm 的方烤盘或锡纸模来烤。

2. 布朗尼蛋糕片烤制时，表面受热会隆起并有些凹凸不平，这是正常现象，不用在意。出炉后隆起的部分有很多都会自行平复下去，即使没有平复的，也不会影响最终效果。

3. 烤的时候要注意火候，不要烤太久，否则布朗尼的口感会太干。

4. 朗姆酒糖浆可以湿润布朗尼，使布朗尼的口感更加细腻润口，不过糖浆被布朗尼吸收需要一些时间，刷上糖浆后可以稍等片刻。

制作过程

准备模具

❶ 首先，准备 3 个边长为 14cm 的正方形烤盘，或者如图所示制作 3 个边长为 14cm 的正方形锡纸模（制作方法见 22 页）。

制作布朗尼蛋糕

❷ 黄油、黑巧克力切成小块，倒入牛奶，隔水加热并不断搅拌，直到黄油和巧克力完全熔化，变成液态。

❸ 在熔化的巧克力液里依次加入盐、细砂糖、打散的鸡蛋、香草精，并用打蛋器搅拌均匀。

❹ 高筋面粉和可可粉混合后过筛，筛入第 ❸ 步制成的巧克力混合物里，用打蛋器搅拌均匀，成为布朗尼面糊。

❺ 把布朗尼面糊平均分成 3 份倒入准备好的烤盘或锡纸模里。把烤盘放入预热好 170℃ 的烤箱，中层，上下火，烤 12~15 分钟，直到布朗尼面糊完全凝固，表面略微隆起。出炉冷却后脱模备用。

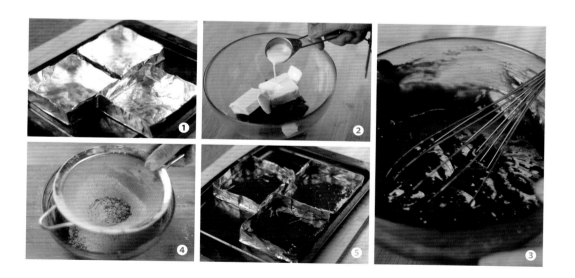

组装蛋糕

❻ 在操作台上铺上 1 片布朗尼蛋糕，用毛刷蘸朗姆酒糖浆刷在这片布朗尼表面。等候 2 分钟，待布朗尼吸收表面的朗姆酒糖浆。

❼ 将巧克力奶油霜装入裱花袋，用圆孔形裱花嘴均匀地挤在刷了朗姆酒糖浆的布朗尼上。

❽ 盖上第二片布朗尼蛋糕。

❾ 重复这个过程（刷糖浆、挤巧克力奶油霜），直到把第三片布朗尼蛋糕也铺好，并刷上一层朗姆酒糖浆。

制作巧克力淋酱

❿ 把黑巧克力、黄油切小块后加入牛奶，隔水加热并不断搅拌至巧克力和黄油完全熔化，成为液态的巧克力淋酱。把温热的巧克力淋酱倒在第 ❾ 步做好的布朗尼上（布朗尼最好放在冷却架或网格架上，底下铺上锡纸或者油纸，以免巧克力淋酱滴落到操作台上）。

淋酱，装饰

⓫ 巧克力淋酱淋到布朗尼上以后，会自动流动并布满整个布朗尼，成为平整的巧克力镜面。趁巧克力淋酱还未凝固的时候，把切碎的开心果仁撒在巧克力淋酱上。

⓬ 把布朗尼放在冰箱冷藏 4 个小时或过夜，取出时布朗尼表面的巧克力淋酱已凝固，用刀切去布朗尼不平整的四边，露出整齐的切面，尊享布朗尼蛋糕就做好了。

Part 6
芝士蛋糕

先懂基础　让人越陷越深的芝士诱惑

　　很多迷恋芝士蛋糕的人都是不知不觉掉入芝士蛋糕的"甜蜜陷阱"中的。也许一开始，芝士蛋糕并不是你所热衷的味道，但随着一次次偶然的品尝，你发觉这个味道越来越吸引你，越来越让你着迷，最终无法抗拒。

　　我经常能听到身边本不吃芝士的人突然感叹："天啊，我爱死芝士蛋糕了！味道越重的我越喜欢！"这时我一点也不会感到惊讶，因为这就是来自芝士蛋糕的魅力。

　　芝士蛋糕，又叫奶酪蛋糕、起司蛋糕等。根据芝士含量的多少，芝士蛋糕可以分为轻芝士蛋糕，中芝士蛋糕，重芝士蛋糕。

轻芝士蛋糕

　　轻芝士蛋糕的制作较为麻烦，类似戚风蛋糕的做法。需要将蛋黄、蛋白分开后先打发蛋白，再混合面糊制作，要求较高，在本书中不作介绍。

中芝士蛋糕

　　中芝士蛋糕的芝士含量介于轻、重芝士蛋糕之间，做法上有类似轻芝士蛋糕的制作方法，也有采用重芝士蛋糕的制作方法的。

重芝士蛋糕

　　重芝士蛋糕是本章主要介绍的芝士蛋糕。它的芝士含量高，口感极为浓郁细腻，且制作非常简单，读者只需要花几分钟仔细看过制作步骤就完全可以学会。而且，重芝士蛋糕也是最能体现芝士蛋糕特点的蛋糕，很多喜欢芝士蛋糕的人都偏爱重芝士蛋糕的独特滋味。

芝士蛋糕的主要原料

　　芝士蛋糕的主要原料是奶油芝士。奶油芝士又称奶油奶酪，英文名为 Cream Cheese，它是最适合制作芝士蛋糕的原料，在大型超市有售。如果买不到，超市有一种小三角奶酪较为常见（一般为圆盒形包装，一盒 8 块），质地与奶油芝士比较接近，可用它代替奶油芝士作为权宜之计。

操作要诀　4个要诀，做好蛋糕

制作芝士蛋糕需要注意的几个问题：

（1）芝士蛋糕一般采用水浴法烤制。所谓水浴法，即把蛋糕模放入烤盘后，在烤盘里倒入热水，然后放入烤箱烘焙。热水的高度以超过蛋糕糊高度的一半为宜。若烤盘较浅，热水无法达到这个高度，也至少应该有1.5cm以上的高度。水浴法不但可以防止芝士蛋糕表面开裂，也可防止芝士蛋糕烤得过老，影响口感。如果是活底模，需要在模具底部包裹一层锡纸，防止底部进水（图①）。

（2）奶油芝士通常是冷藏保存的，这个时候它的质地稍硬，只有在室温下软化以后，才容易用打蛋器打至顺滑。如果气温比较低，奶油芝士不易软化，可以隔水加热，或者把奶油芝士放入微波炉转几十秒，都能快速让奶油芝士软化。

（3）本章里有数款小芝士蛋糕都是采用小蛋糕连模烤制的（图②）。你可以采用同样的模具烤制，也可以将面糊倒入单个的金属或硅胶模具烤制（图③），不影响最终效果，但是不能用纸模来烤，因为纸模外部不防水，不能用水浴法烤制。

（4）芝士蛋糕在低温下口感更佳。刚出炉的蛋糕比较脆弱，先不需脱模，冷却后放入冰箱冷藏4个小时后再脱模、切块，品尝起来效果最好。

消化饼饼底及奥利奥饼底

在我们品尝各式各样的芝士蛋糕的时候，会发现，大部分芝士蛋糕都带有一个饼底。而正是这个饼底，使得芝士蛋糕的口感更加丰富也更具有层次感。

饼底除了丰富口感外，还有方便人们拿取的作用。因为芝士蛋糕本身比较柔软脆弱，如果没有饼底作为支撑，不太方便拿取。从这方面来说，芝士含量较高的重芝士蛋糕更需要饼底，而轻芝士蛋糕因为本身拿取已经比较方便了，所以可以不使用饼底。

芝士蛋糕的饼底种类比较丰富，一般重芝士蛋糕习惯使用消化饼干做底，而轻芝士蛋糕如果使用饼底，则偏向于轻柔型的，如用一片海绵蛋糕作为底部。本书介绍了两种饼底：用普通消化饼干做饼底，以及用奥利奥饼干做饼底。

消化饼饼底

配料 参考分量：1份

消化饼干·····················100g
黄油·······················50g

制作过程

❶ 把消化饼干装入保鲜袋。

❷ 将保鲜袋的口扎紧。

❸ 用擀面杖碾压保鲜袋里的饼干，直到将饼干碾成粉末状。

❹ 黄油加热熔化成液态，把粉末状的饼干倒入其中。

❺ 用工具搅拌至黄油和饼干粉末完全混合均匀，成为湿润的面糊状。

❻ 把搅拌好的饼干面糊装入模具底部，用勺子背部压紧。

❼ 把装好饼底的模具放入冰箱冷藏，到饼底变硬就可以使用了。

奥利奥饼底

配料 参考分量：1 份

奥利奥巧克力夹心饼干（含奶油
夹心）......................... 120g
黄油........................... 45g

制作过程

❶ 与制作消化饼饼底一样，将奥利奥饼干放入保鲜袋（不需要
取出夹心奶油），用擀面杖碾压成粉末，再与熔化的黄油混合
成面糊。

❷ 把面糊装入模具底部，用勺背压紧，放入冰箱冷藏变硬备用。

操作要点

1. 消化饼干在一般的超市都会有售，无论是普通消化饼干，还是所谓的
"高纤消化饼干"或"五谷消化饼干"都可以。一般我们选择原味的消
化饼干，虽然也有不少其他口味的（如红枣、黑芝麻），但可能会和做
的蛋糕口味不搭，不够协调。

2. 如果买不到消化饼干，也可把黄油曲奇压碎了制作饼底。需要注意的
是，黄油曲奇本身的黄油含量就比较高，做饼底的时候就不需要加那么
多黄油了。根据实际情况，把熔化的黄油一点一点地和饼干末混合起来，
如果能捏成团，而黄油又不会渗出来就可以了。一般 100g 黄油饼干只
需要使用 30g 左右的黄油。

3. 碾压饼底的时候一定要碾压得碎一些。如果饼干粉末的颗粒比较粗大，
则不易与黄油融合，做成的饼底可能会成为碎渣状。

4. 如果家里有食品料理机，用它将饼干打碎成粉末效果更好。

消化饼饼底

奥利奥饼底

❀芝士蛋糕根据芝士含量的多少，分为轻芝士、中芝士、重芝士蛋糕，一般轻芝士蛋糕奶酪含量较少，口感偏清爽。而重芝士蛋糕含有丰富的芝士，口感细腻浓郁，制作起来很简单，却自有一番诱人风味。

操作要点

1. 奶油奶酪又叫奶油芝士、奶油干酪等，它的质地细腻，口感清爽，是一类最适合制作芝士蛋糕的奶酪。奶油奶酪在冷藏状态下稍有些硬，在室温下放置一段时间或隔水加热后会变得柔软，此时才能用打蛋器搅打到顺滑，用来制作芝士蛋糕。

2. 柠檬汁是新鲜柠檬挤出的汁，它用于改善重芝士蛋糕的口感。

3. 水浴法是烤芝士蛋糕时通常使用的方法，它可以避免芝士蛋糕烤得太老，出现口感粗糙或者口感比较"面"的情况，也可以防止蛋糕顶部烘烤时开裂。

4. 芝士蛋糕刚出炉时比较脆弱，此时不要急于脱模，放入冰箱冷藏 4 个小时以后再脱模并切块食用，效果最佳。

经典重芝士蛋糕

● 烤箱中下层　🔥 上下火 160℃　🕐 水浴法约 1 个小时

配料　参考分量：6 寸圆模 1 个

奶油奶酪……………………… 250g	牛奶………………………… 80g
细砂糖………………………… 80g	朗姆酒……………1 大勺（15ml）
鸡蛋…………………………… 2 个	香草精……… 1/4 小勺（1.25ml）
玉米淀粉……………………… 15g	消化饼饼底（做法见 118 页）…
柠檬汁………………………… 10g	……………………………… 1 份

制作过程

制作饼底

❶ 首先制作一份消化饼饼底，并将饼底铺在蛋糕模底部压实。将蛋糕模放入冰箱冷藏备用。

搅打奶油奶酪

❷ 奶油奶酪室温软化后，加入细砂糖，用打蛋器打至顺滑无颗粒的状态。

混匀配料

❸ 加入鸡蛋，并用打蛋器搅打均匀。鸡蛋要一个一个地加入，先加入第一个并用打蛋器打到和奶酪完全混合后，再加下一个。

❹ 倒入柠檬汁，搅打均匀。

❺ 倒入玉米淀粉，搅打均匀。

❻ 倒入牛奶、朗姆酒、香草精，搅打均匀。

❼ 最后搅打完成的蛋糕糊如图所示。

装模，烤焙

❽ 把蛋糕糊倒入铺好饼底的蛋糕模里。

❾ 将蛋糕模放入烤盘，在烤盘里倒入热水，热水高度最好没过蛋糕糊高度的一半。如果是活底蛋糕模，需要在蛋糕模底部包一层锡纸，防止底部进水。把烤盘放入预热好 160℃的烤箱，中下层，上下火，烤 1 个小时左右，烤到蛋糕表面呈金黄色即可出炉。

操作要点

1. 这款蛋糕的模具可以用普通的烘焙用小纸杯，或者金属小布丁模、蛋糕模，也可以用图片里的硅胶模。如果你用的是纸杯，需要用锡纸在纸杯外侧包一层，否则放在热水里烤，纸杯容易进水。

2. 芒果泥是将新鲜芒果的果肉压成泥，可以用食品料理机打碎，但量少的话也可以把芒果肉放在碗里，用擀面杖的一头将其捣烂成泥，这样动作会很迅速哦！

3. 顶部挤上芒果奶油霜以后更美观，当然你也可以不挤。不过，奶油霜是蛋糕装饰里最常用的一种装饰材料，制作方法也很简单，建议大家都实践一下。

芒果芝士
小蛋糕

🍰 烤箱中层　🔥 上下火 170℃　🕐 水浴法约 35 分钟

配料 参考分量：直径约 5cm 的小蛋糕 12 个

奶油奶酪·················· 200g	动物性淡奶油···3 大勺（45ml）
细砂糖···················· 50g	朗姆酒···················· 10g
鸡蛋······················ 1.5 个	消化饼饼底（做法见 118 页）
芒果泥···················· 60g	···························· 1 份

表面装饰
芒果奶油霜（做法见 152 页）
···························· 150g

制作过程

制作饼底

❶ 准备一份消化饼饼底，把饼底铺在圆形小蛋糕模的底部，用小勺压实，放进冰箱冷藏至变硬备用。

搅打奶油奶酪

❷ 奶油奶酪软化以后，加入细砂糖，用电动打蛋器搅打至顺滑无颗粒的状态。

❸ 搅打好的奶油奶酪如图所示。

混匀配料

❹ 在奶油奶酪中先加入 1 个鸡蛋，用打蛋器搅打均匀。再将另一个鸡蛋打散，倒一半到奶酪糊里，继续用打蛋器搅打均匀。

❺ 倒入动物性淡奶油及朗姆酒，用打蛋器搅打均匀。

❻ 倒入芒果泥，用打蛋器搅打均匀，奶酪蛋糕糊就准备好了。

装模，烤焙

❼ 把奶酪蛋糕糊倒入铺了消化饼饼底的蛋糕模里，倒至九分满。

❽ 把蛋糕模放进烤盘，烤盘里倒入热水，热水最好没过蛋糕糊高度的 1/2。

❾ 把烤盘放进预热好 170℃ 的烤箱，中层，上下火，烤 35 分钟左右，表面微金黄色即可出炉。烤的时候，蛋糕会胀得高出模具，出炉冷却后会缩回去。

冷藏，装饰

❿ 出炉冷却后的蛋糕，放进冰箱冷藏室冷藏 4 个小时以上再取出脱模。脱模以后，在表面用星形裱花嘴挤上一层芒果奶油霜，作为装饰。

君之说风味

❀ 这款芝士蛋糕含有丰富的淡奶油，色泽洁白，配上黑色的奥利奥饼底，黑白分明，十分醒目，而且口感相当细滑。

操作要点

1. 小蛋糕在冷却以后，表面会自然地凹陷下去。在凹陷的地方正好填入杏果酱，这样无论是外观还是口感都很完美。

2. 柠檬汁具有凝乳作用。当奶油奶酪里加入柠檬汁后，因为柠檬汁的凝乳作用，奶酪糊会从原本比较稀的状态转变为浓稠状。加入淡奶油后，淡奶油也同样受到凝乳作用而变得浓稠。因此，虽然这款配方内的液体含量很多，但最后的奶酪蛋糕糊却仍能保持很浓稠的状态。

3. 杏果酱可以换成你喜欢的其他口味果酱。

黑白杏果
芝士蛋糕

🍥 烤箱中层　🔥 上下火 170℃　🕐 水浴法约 40 分钟

配料 参考分量：小蛋糕 10 个

奶油奶酪·············· 80g	玉米淀粉··········1 大勺（15ml）
动物性淡奶油·············· 120g	奥利奥饼底（做法见 119 页）···
细砂糖·············· 30g	··········· 1 份
柠檬汁·············· 10g	杏果酱·············· 100g
全蛋液········50g（约 1 个鸡蛋）	

制作过程

制作饼底

❶ 将 1 份奥利奥饼底均匀铺在 10 个小蛋糕模的底部，用小勺压实，放进冰箱冷藏至变硬备用。

搅打奶油奶酪

❷ 奶油奶酪软化以后，加入细砂糖，用打蛋器将其打至顺滑无颗粒的状态。

混匀配料

❸ 在奶油奶酪里分 2 次加入打散的全蛋液，打至奶酪和鸡蛋完全融合再加下一次。

❹ 打好以后的奶酪糊呈现如图所示比较稀的状态。

❺ 在奶酪糊里加入柠檬汁，并搅拌均匀。因为柠檬汁的加入，奶酪糊会立刻变得浓稠起来。

❻ 加入 1 大勺玉米淀粉，搅拌均匀。

❼ 倒入动物性淡奶油，搅拌均匀。

❽ 搅拌好的奶酪蛋糕糊如图所示，具有一定的稠度，能用打蛋器在表面画出纹路。

装模，烤焙

❾ 把奶酪蛋糕糊倒入铺了奥利奥饼底的小蛋糕模里。

❿ 把蛋糕模放入烤盘，在烤盘里倒入热水，水的高度以没过奶酪蛋糕糊高度的 1/2 为宜。烤盘放入预热好 170℃的烤箱，中层，上下火，烤 40 分钟左右，直到蛋糕糊完全凝固，无流动感，且表面呈浅黄色即可。

填酱，冷藏

⓫ 出炉冷却后，在蛋糕表面填上杏果酱，放入冰箱冷藏 4 个小时后食用。

君之说风味 ∞∞∞∞∞∞

❈ 用布朗尼蛋糕代替传统的消化饼饼底制作的芝士蛋糕，不但拥有布朗尼的可口滋味，也拥有芝士蛋糕的自然浓醇，带来双倍的好滋味。

操作要点

1. 这款蛋糕没有采用水浴法，在烤制过程中，芝士蛋糕表面可能会有轻微的开裂，但出炉后小裂纹一般都会平复。如果裂口比较大，可能是烤的温度过高，请酌情调低温度。

2. 制作布朗尼的黑巧克力，可以用市售的黑巧克力，也可以用烘焙专用巧克力。巧克力越纯，做出的布朗尼口感越醇香。

布朗尼芝士蛋糕

第一次	● 烤箱中层	🔥 上下火 180℃	⏱ 约 18 分钟
第二次	● 烤箱中层	🔥 上下火 160℃	⏱ 30~40 分钟

配料 参考分量：6 寸圆模 1 个

布朗尼蛋糕配料

黄油······················ 50g
黑巧克力················ 50g
细砂糖···················· 50g
全蛋液···················· 40g
原味酸奶················· 20g
中筋面粉（普通面粉）······ 50g

芝士蛋糕配料

奶油奶酪················· 210g
细砂糖···················· 40g
全蛋液···················· 60g
香草精······ 1/2 小勺（2.5ml）
原味酸奶················· 60g

制作过程

制作布朗尼面糊

❶ 黑巧克力和黄油切成小块，放入大碗里，隔水加热并不断搅拌（水温不要太高），直到黄油与巧克力完全熔化。把碗从水里取出，加入细砂糖搅拌均匀。

❷ 继续加入全蛋液、酸奶。用打蛋器搅拌，成为顺滑均匀的巧克力黄油糊。

❸ 向巧克力黄油糊中筛入面粉。

❹ 用橡皮刮刀翻拌均匀，使面粉和巧克力黄油糊完全混合，成为布朗尼面糊。

装模，烤焙

❺ 把布朗尼面糊倒入准备好的模具里，抹平，放进预热好180℃的烤箱，中层，上下火，烤18分钟左右，面糊完全定型以后取出，然后把烤箱的温度降至160℃。

制作芝士蛋糕糊

❻ 在烤布朗尼蛋糕的时候，我们来制作芝士蛋糕糊。奶油奶酪隔水加热至软化（或提前2小时放室温下直到软化），加入细砂糖，用打蛋器打至细滑无颗粒。

❼ 加入鸡蛋、香草精（没有香草精可省略）。

❽ 用打蛋器用力搅拌，直到混合均匀，成为浓滑的奶酪糊。

❾ 最后加入酸奶，搅拌均匀后即成芝士蛋糕糊。

装模，烤焙，冷藏

❿ 把芝士蛋糕糊倒在烤好的布朗尼蛋糕上（不必等到布朗尼蛋糕冷却）。

⓫ 用手端着蛋糕模，用力震两下，使内部的气泡跑出。把模具放回烤箱，上下火160℃，中层，烤30~40分钟，直到芝士蛋糕糊彻底凝固定型，按上去没有流动感，并且表面呈浅金黄色即可出炉。

⓬ 烤好的蛋糕冷却后，放入冰箱冷藏4个小时以上（或冷藏过夜），再切成块，就可以享用啦，可以配上蓝莓干，并撒少量糖粉作为装饰。

操作要点

1. 如果买不到罐头黑樱桃，用新鲜樱桃也是可以的，需要将新鲜樱桃做如下处理：将 20~30 颗新鲜樱桃去核后，用 20g 糖腌制 2 个小时，樱桃会流出汁水。将汁水倒至碗中，向内添加清水直到总量达到 45ml，用其代替罐头糖水使用。滤干汁水的樱桃则可像罐头樱桃一样填入奶酪糊里。

2. 用巧克力屑装饰蛋糕的时候，不要用手直接触碰巧克力屑，否则巧克力屑会熔化在手上。用橡皮刮刀或其他工具铲起巧克力屑，再粘到蛋糕上就可以了。

3. 制作奶油霜的时候，可以用樱桃罐头糖水代替奶油霜配料里的牛奶，做出的奶油霜更贴合蛋糕的味道。当然，如果用新鲜的黑樱桃汁，那就更棒了。

黑森林芝士蛋糕

● 烤箱中层   ▲ 上下火 160°C   ◷ 水浴法约 1 个小时

配料　参考分量：6 寸圆形蛋糕 1 个

奶油奶酪·························· 250g	牛奶·························· 25g
罐头黑樱桃·········· 20~30 颗	鸡蛋·························· 2 个
黑樱桃罐头糖水 3 大勺（45ml）	细砂糖·························· 40g
白兰地酒（或朗姆酒）········	香草精····· 1/2 小勺（2.5ml）
······1 大勺（15ml）	奥利奥饼底（做法见 119 页）
黑巧克力·················· 50g	··························· 1 份

表面装饰

黑巧克力屑（做法见 19 页）···
··························· 60g
奶油霜（做法见 152 页）150g
罐头黑樱桃···············20 颗
糖粉···················适量

制作过程

制作饼底

❶ 准备 1 份奥利奥饼底，把饼底铺在蛋糕圆模里（模具四周事先涂抹一层软化的黄油防粘），用勺子压实，然后放入冰箱冷却至硬备用。

制作奶酪蛋糕糊

❷ 奶油奶酪室温软化或隔水加热软化以后，加入细砂糖，用打蛋器打至顺滑无颗粒的状态。

❸ 在打好的奶油奶酪里一个一个地加入鸡蛋，并用打蛋器搅打到顺滑。先加第一个鸡蛋并搅打顺滑后再加第二个鸡蛋（鸡蛋如果是从冷藏室拿出来的，需回温再用）。

❹ 在奶酪糊里倒入黑樱桃罐头糖水、白兰地酒、香草精，用打蛋器搅打均匀。

❺ 50g 的黑巧克力切成小块放入碗里，倒入 25g 牛奶。把碗隔水加热并不断搅拌，直到黑巧克力完全熔化（或者放入微波炉加热片刻，取出搅拌至黑巧克力熔化）。

❻ 把熔化后的黑巧克力倒入第 ❹ 步的奶酪糊里。用打蛋器搅打均匀后，奶酪蛋糕糊就做好了。

装模，烤焙

❼ 把奶酪蛋糕糊先倒 1/3 进入铺饼底的蛋糕模里。

❽ 在蛋糕糊上放 20~30 颗黑樱桃。

❾ 倒入剩下的奶酪蛋糕糊。

❿ 蛋糕模放入烤盘里，烤盘里倒入热水，高度以没过蛋糕糊高度的 1/2 为宜。若是活底模，需在模具底部包一层锡纸，以防底部进水。把烤盘放入预热好 160℃ 的烤箱，中层，上下火，烤 1 小时左右，直到表面颜色变深，蛋糕糊完全凝固即可出炉。

冷藏，装饰

⓫ 出炉后的芝士蛋糕，冷却后放入冰箱冷藏 4 个小时后再脱模，把脱模的蛋糕放在裱花台上。

⓬ 把蛋糕最表面的一层表皮轻轻削掉（也就是在烤箱里被烤至深色的部分。这部分较光滑，如果不削掉，奶油霜可能不方便涂抹），在蛋糕的表面及四周都涂上一层奶油霜。

⓭ 然后把剩余的奶油霜装入裱花袋，用星形裱花嘴在蛋糕上挤一圈奶油花，20 朵左右。

⓮ 把巧克力屑粘在蛋糕的四周及表面。每朵奶油花上放一颗罐头黑樱桃，再在蛋糕表面撒上一些糖粉，蛋糕就装饰好了。

南瓜芝士蛋糕

烤箱中层　　上下火 160°C　　水浴法约 1 个小时

配料 参考分量：6 寸圆模 1 个

奶油奶酪	250g	柠檬的皮（切屑）	半个
南瓜泥	135g	牛奶	30g
鸡蛋	1 个	肉桂粉	1/4 小勺（1.25ml）
蛋黄	1 个	消化饼饼底（做法见 118 页）	
细砂糖	60g		1 份

操作要点

1. 在用南瓜制作的甜点里，时常会加入一些肉桂粉增加风味。如果不喜欢或者买不到肉桂粉，可以省略。

2. 如果采用蒸熟南瓜的方法，蒸南瓜的碗要加盖儿或者覆上保鲜膜，以免蒸锅里的水汽进入到南瓜碗里，导致南瓜泥的水分偏大。

3. 如果是活底模，要用锡纸把模具的底部包起来，以免水浴烘烤的时候底部进水。

制作过程

准备工作

❶ 南瓜去皮去籽以后，切成小块蒸熟（或放到微波炉里转两三分钟），直到用筷子可以轻松扎透。用刮刀把南瓜肉压成泥。

搅打奶油奶酪

❷ 奶油奶酪室温软化以后，加入细砂糖用打蛋器打发到顺滑无颗粒的状态。

混匀配料

❸ 加入鸡蛋及蛋黄，用打蛋器搅打至鸡蛋与奶酪完全融合。

❹ 倒入南瓜泥，用打蛋器搅打均匀。

❺ 倒入牛奶、肉桂粉、柠檬皮屑，再次搅打均匀，成为奶酪蛋糕糊。

装模，烤焙

❻ 把奶酪蛋糕糊倒入已经铺好消化饼饼底的模具里。

❼ 把模具放入烤盘，在烤盘里倒入热水，水的高度约为奶酪蛋糕糊高度的 1/2。把烤盘放入预热好 160℃的烤箱，中层，上下火，烤1 个小时左右，直到蛋糕糊完全凝固，用手触摸没有流动感，并且表面呈微金黄色即可出炉。

❽ 出炉后的蛋糕待冷却后，放入冰箱冷藏 4 个小时以上，就可以切块食用了。

❀ 层次分明的巧克力芝士蛋糕——从巧克力色最深的曲奇饼底开始，到三种不同颜色的芝士蛋糕，到最顶层的巧克力淋面。它的实际制作远比我们想象的简单，一次做出三种口味的面糊，不需要分多次烘烤，简简单单打造一份充满诱惑力的多层次芝士蛋糕。

❀ 脱模好的蛋糕，切成小块，配着红茶一起吃再合适不过了！

操作要点

1. 这个配方的分量很小，即使只放在两个 4 英寸的方形慕斯圈里，高度也不会很高。烤好后的蛋糕要切成很小的方块状，成为非常精致的两三口就能吃完的小蛋糕。你也可以把配方的分量加倍，做一个 6 英寸的圆形蛋糕，但烘烤的时间要延长到 1 个小时左右。

2. 慕斯圈底部的锡纸可以多包两层，让它更加牢固，这样往慕斯圈里铺饼底的时候会更容易一些。

3. 制作好的芝士面糊，倒入模具放入冰箱冻到表面不再流动的时候，再倒入下一份面糊，这样可以得到层次分明的三层面糊。当上一层面糊还在冷冻，下一份还没有倒的时候，如果天气比较冷，在室内放置可能会让面糊变得越来越稠，那么可以把盛面糊的容器放在热水里以使它保持足够温度。

巧克力芝士蛋糕

🕐 烤箱中下层　🔥 上下火 165℃　⏱ 水浴法约 35 分钟

配料　参考分量：4 英寸方形慕斯圈 2 个

芝士蛋糕
奶油芝士···············125g
全蛋液······50g（约 1 个鸡蛋）
细砂糖················25g
动物性淡奶油···········50g
黑巧克力··············35g

曲奇饼底
黄油曲奇···············50g
可可粉················5g
黄油···············20~25g

巧克力淋面
黑巧克力··············20g
动物性淡奶油···········20g

制作过程

制作曲奇饼底

❶ 将曲奇饼干掰碎以后放进食品料理机打成粉末（如果没有食品料理机，就将碎饼干放入保鲜袋用擀面杖压成粉末，尽量压细）。将可可粉筛入饼干粉末里，拌匀。

❷ 黄油隔水加热或微波炉加热熔化成为液态，将液态黄油倒入饼干粉末里。

❸ 将其拌匀，成为湿润的面糊状（不同的曲奇饼干含油量不同，因此黄油的用量可能有所区别，可以根据实际情况酌情增减，拌成润润的面糊就可以了）。

❹ 慕斯圈的底部用锡纸包裹住。把饼底面糊分成 2 份，分别放入两个慕斯圈里，用勺子背小心地压平。然后放入冰箱冷藏备用。

制作芝士面糊

❺ 奶油芝士隔水加热软化或者室温放置软化以后，加细砂糖用打蛋器快速充分搅打至顺滑无颗粒的状态。

❻ 加入全蛋液，继续快速搅打均匀。

❼ 最后加入淡奶油，搅打均匀，成为细腻浓稠的芝士面糊。

❽ 黑巧克力切块（或直接用纽扣状黑巧克力），隔水加热并不断搅拌，使巧克力熔化。

❾ 将芝士面糊均匀分成 3 份，分别放入 3 个小碗。其中一份面糊里加入 25g 熔化的巧克力液并搅拌均匀，另一份面糊里加入 10g 熔化的巧克力液并搅拌均匀，最后一份面糊什么都不加。这样我们得到了 3 份颜色不同的面糊。

装模，冷冻，烤焙

❿ 将铺好饼干底的慕斯圈从冰箱里拿出来。将颜色最深的一份芝士面糊分成两份，倒入慕斯圈里。然后放入冰箱，冷冻 15 分钟，直到表面不再流动。

⓫ 将冻好的慕斯圈从冰箱取出，分别倒入浅巧克力色的面糊。同样放入冰箱冷冻 15 分钟。

⓬ 最后倒入原味芝士面糊。这样我们就创造出了蛋糕里分明的层次。将慕斯圈放入烤盘，在烤盘里倒入开水。

⓭ 将烤盘放入预热好 165℃的烤箱，中下层，上下火，烤 35 分钟左右，直到芝士面糊彻底凝固，表面微微鼓起，取出来晃一晃没有明显的流动感，就表示烤熟了。烤好的蛋糕从烤盘里拿出来，不要脱模，静置直到冷却。

制作巧克力淋面，冷藏

⓮ 把 20g 黑巧克力切块后和 20g 淡奶油混合，隔水加热或用微波炉加热，搅拌至巧克力熔化，成为巧克力淋面。将巧克力淋面倒在蛋糕表面。

⓯ 待巧克力淋面均匀平整地覆盖在蛋糕表面以后，把蛋糕连同模具一起放入冰箱，冷藏 4 个小时。

⓰ 冷藏的过程中淋面会凝固变硬。冷藏好的蛋糕就可以脱模切块食用了。

Part 7

特色蛋糕

值得一试　　总有些蛋糕让人无法忘却

在这一章里，我们来一起做几款比较特别的蛋糕。

总有一些蛋糕，或是在外观上，或是在口感上，能给人一种特别的感觉。因为它们多少有那么一点独特，有那么一点与众不同，看到它们，我们会在心里说："没错，它确实有点不一样，但我就喜欢这样的不一样。"这样的感觉，你曾有过吗？

现在，先来认识一下在这章里将会有哪些蛋糕闪亮登场吧！

完全素食巧克力蛋糕

这不是一款真正意义上的蛋糕，因为它完全不含鸡蛋。你也许不会相信，只用面粉、水、玉米油等原料，半个小时不到的制作加烘烤时间，得到的却是足以让大部分人都交口称赞的松软蛋糕。强力推荐给素食以及不能摄入蛋奶的朋友。

蜂巢蛋糕

对很多人来说这应该不是一款陌生的蛋糕，西点店里常会有它的身影。蜂巢蛋糕一般会被切开来卖，就为了让人看到它内部如蜂巢一般密密麻麻的结构。蜂巢蛋糕不但外形特别，口感也很让人难忘：柔软、清甜并带有胶质。

熔岩巧克力蛋糕

撒上糖粉的熔岩巧克力蛋糕就如同即将喷发的火山，当咬开蛋糕外层，内部的巧克力软心会如岩浆般汩汩流出，只有真正体验过才能明白它的美妙。这款蛋糕需要轻微地打发鸡蛋，但仅是打发到变得浓稠即可，无任何技术要求，完全不用担心。

巧克力惊奇蛋糕

和熔岩巧克力蛋糕一样，咬开蛋糕外层，能体验到内部巧克力软心流出的惊奇。不过，它们的不同之处也很明显，熔岩巧克力蛋糕并未完全烤熟，而它是一款完全烤熟的蛋糕。它也需要轻微打发鸡蛋，但同样非常简单，轻轻松松即可完成。

浓郁扁桃仁蛋糕

以扁桃仁为主料，一贯在蛋糕里唱主角的面粉沦为了配角。也正因为扁桃仁构成了主要成分，所以这款蛋糕异常疏松柔软，入口即化，味道十分浓郁。

米粉蛋糕

这是一款制作非常简单的蛋糕，但又有那么一点不一样。它使用了一半面粉一半大米粉，从而达到一种别样的口感。所有材料都可以放进一个大碗里搅拌好。粉类加入进去以后，不用翻拌，不用什么手法，直接用一台电动打蛋器慢慢搅打2分钟，面糊就做好了！

完全素食
巧克力蛋糕

- 🕐 烤箱中层
- 🔥 上下火 200℃
- 🕐 约 12 分钟

君之说风味

✿ 认真说来，这其实是一款典型的传统法麦芬蛋糕。但因为它非常特别，特归入特色蛋糕章节介绍给大家。这款完全不含鸡蛋、奶制品成分的蛋糕，也许只有亲自实践过，才能明白它的特别之处。虽然没有鸡蛋，却比普通的传统法麦芬蛋糕更加松软，更加绵润，更加可口。

✿ 这款蛋糕非常适合素食的朋友，也适合因为体质原因不能摄入鸡蛋、牛奶的朋友。

配料　参考分量：12 个

低筋面粉······························100g
细砂糖································· 50g
可可粉································· 20g
水··································· 120g
玉米油································ 35g
小苏打········· 1/4 小勺（1.25ml）
盐··············· 1/4 小勺（1.25ml）
香草精································· 数滴
白醋··············· 2 小勺（10ml）

制作过程

混合配料

❶ 将水、玉米油、白醋这些湿性材料倒入大碗里，滴入几滴香草精，再加入细砂糖、盐混合均匀。

❷ 低筋面粉、可可粉、小苏打混合过筛。

❸ 把过筛后的粉类混合物倒入第 ❶ 步的湿性材料混合物里。

❹ 用橡皮刮刀翻拌均匀，成为比较稀的面糊状态。

装模，烤焙

❺ 把面糊倒入模具，2/3 满。然后放入预热好200℃的烤箱，中层，上下火，烤 12 分钟左右，烤到蛋糕完全膨胀并定型后出炉。

操作要点

1. 干性材料里的小苏打接触湿性材料里的白醋会立即发生反应，所以当混合面糊时，面糊里会立即出现很多气泡，这是正常现象。

2. 请尽量用小模具来制作这款蛋糕，以达到最佳效果。较大的模具做出来的蛋糕膨发力及口感都会大打折扣。

❀ 蜂巢蛋糕，除了具有密密麻麻如同蜂巢般的孔洞之外，还有柔软、清甜如胶质般的口感，和一般的蛋糕很不一样。冷藏后口感更佳，又清凉又有弹性的感觉哦！

操作要点

1. 蜂巢蛋糕是一款很特别的蛋糕，切开它以后，可以看到它内部有着密密麻麻的如蜂巢般的结构。也正因为如此，做出结构紧密、清晰的蜂巢，是制作蛋糕成功的标志。做蜂巢蛋糕，诀窍很简单：正确的原料比例，即正确的配方；正确的原料加入顺序，比如，糖水要在最后一步加入，并分次加入；烤之前要静置 45 分钟。

2. 烤好的蜂巢蛋糕实际上分为两层，上层是松软的蛋糕，而下层是密密麻麻的"蜂巢"。所以一般我们会沿中间靠下的位置把蛋糕横切开来，以展现出蛋糕内部的"蜂巢"。

3. 搅拌面糊的时候，我们可以直接用打蛋器画圈搅拌，而不用小心翼翼地用橡皮刮刀去翻拌，这是因为面糊很稀，不用担心面糊起筋，即使轻微起筋，对成品影响也不大。

4. 除了用长条形蛋糕模，也可以用纸杯、蛋挞模等烤成小蛋糕。

蜂巢蛋糕

⬤ 烤箱中层　🔥 上下火 200℃　🕐 25~30 分钟

配料　参考分量：长条形小蛋糕模 2 个

鸡蛋	2 个	小苏打	5g
炼乳	160g	蜂蜜	10g
无味植物油	120g	水	180g
低筋面粉	100g	细砂糖	100g

制作过程

准备工作

❶ 水和细砂糖倒入锅里煮开，关火并搅拌成为糖水，冷却备用。

拌匀配料

❷ 大碗里打入鸡蛋，打散。

❸ 加入炼乳和蜂蜜，搅拌均匀。

❹ 加入植物油，搅拌均匀成稀糊状。

❺ 低筋面粉和小苏打混合并筛入稀糊里。

❻ 继续拌匀，使之成为面糊（用打蛋器搅拌即可）。

❼ 向面糊中分 3 次倒入第❶步做好的冷却后的糖水，每一次都搅拌均匀后再加下一次。

静置面糊

❽ 搅拌好的面糊，用保鲜膜封上，放在室温下静置 45 分钟。一定要静置哦，面糊在这个时间里会悄悄地发生一些神奇的变化。只有充分静置过的面糊，才能产生漂亮的蜂巢结构。

装模，烤焙

❾ 模具内壁涂上一层黄油防粘，把静置好的面糊分别倒入两个模具，七分满即可。

❿ 把模具放入预热好 200℃的烤箱，中层，上下火，烤 25~30 分钟，直到充分膨胀并且蛋糕呈现出焦糖色即可出炉。稍冷却后将蛋糕从模具里倒出。彻底冷却以后，将蛋糕横切开，可以看到内部的蜂巢结构。

熔岩巧克力
蛋糕

烤箱中层　上下火 220℃　8~10 分钟

配料 参考分量：大纸杯 2 个

蛋糕配料

黑巧克力·················· 70g
黄油····················· 55g
鸡蛋····················· 1 个
蛋黄····················· 1 个

细砂糖··················· 20g
低筋面粉················· 30g
朗姆酒（或白兰地）·········
·················1 大勺（15ml）

表面装饰

糖粉····················· 适量

君之说风味

❀熔岩巧克力蛋糕又叫巧克力软心蛋糕、岩浆巧克力蛋糕等，它通过故意不将蛋糕内部完全烤熟的办法，造成内部"软心"的效果——当咬开外层热乎乎的巧克力蛋糕时，内部的巧克力浆就会如岩浆般喷涌而出。

❀这款蛋糕要趁热食用，否则就看不到内部巧克力汩汩流出了，口感也会打折扣。如果冷却了，用微波炉重新加热十几秒再食用，内部就又会出现"岩浆"了。

操作要点

制作这款蛋糕的关键在于烤焙的温度和时间。它需要使用高温快烤，以达到外部的蛋糕组织已经成型，但内部仍是液态的效果。如果烤的时间过长，则内部凝固，吃的时候就不会有"熔岩"流出来的效果。如果烤的时间不够，外部组织不够坚固，可能出炉后蛋糕就"趴"下了。

制作过程

熔化黄油和巧克力

❶ 把黄油切成小块，和黑巧克力（小块）一起放入大碗中，隔水加热并不断搅拌至完全熔化，然后冷却至35℃左右备用。

混匀配料

❷ 把鸡蛋和蛋黄打入另一个碗中，加入细砂糖并用打蛋器打发至稍有浓稠的感觉即可，不必完全打发。

❸ 把打好的鸡蛋倒入黑巧克力与黄油的混合物中。

❹ 然后加入朗姆酒，用打蛋器搅拌均匀。

❺ 再筛入低筋面粉。

❻ 用橡皮刮刀轻轻翻拌均匀。拌好的巧克力面糊放入冰箱冷藏半个小时。

装模，烤焙

❼ 将冷藏好的面糊倒入模具，七分满。放入预热好220℃的烤箱，中层，上下火，烤8~10分钟出炉。

❽ 待不烫手的时候撕去纸模，撒上糖粉，趁热食用。

君之说风味

✿ 这是一款超级诱人的巧克力蛋糕，适合出炉后趁热食用。中间的巧克力夹心受热后会呈液态，咬一口后就流出浓滑香甜的巧克力液，给你绝对"惊奇"的口感！

✿ 这款蛋糕和本书的熔岩巧克力蛋糕看上去非常相似。不一样的是，那款蛋糕是故意不将内部烤熟，而创造出内部的"软心"。而这款蛋糕则是特意添加巧克力夹心进去，味道更加浓郁细滑。

操作要点

1. 打发鸡蛋的时候，可以将打蛋盆放在热水中。全蛋在 40℃ 左右的温度下最容易打发。这款蛋糕不需要打到做海绵蛋糕那样的程度，只需要打到蛋液浓稠，提起打蛋器后呈粗线条缓慢流下即可。

2. 加入面粉的时候，可以用打蛋器画圈搅拌均匀，不需要采用翻拌的手法，这款蛋糕不怕面粉起筋，也不怕消泡。

3. 烤这款蛋糕时，用最普通的麦芬模，或者其他的小型模具即可。当然，用步骤图里所示的布丁模最佳。

巧克力惊奇蛋糕

● 烤箱中层　🔥 上下火 175℃　🕐 约 15 分钟

配料　参考分量：2 个

巧克力蛋糕

黑巧克力	80g
黄油	80g
全蛋液	100g（约 2 个鸡蛋）
细砂糖	100g
高筋面粉	20g

巧克力夹心熔浆

黑巧克力	100g
动物性淡奶油	75ml

制作过程

制作巧克力夹心熔浆

将动物性淡奶油加热至沸腾后离火,趁热加入小块的黑巧克力,搅拌到黑巧克力全部熔化,将混合物放入冰箱冷藏直到凝固。

制作巧克力惊奇蛋糕

❶ 将 80g 黑巧克力和 80g 黄油切成小块,混合倒入碗中。

❷ 隔水加热直到巧克力和黄油熔化,搅拌均匀后,冷却到 40℃左右备用。

❸ 在另一个碗里倒入鸡蛋和细砂糖,用打蛋器把鸡蛋和糖打发,打发到浓稠状,提起打蛋器,蛋液呈一条粗线状缓慢流下即可。

❹ 在打发的鸡蛋里加入第 ❷ 步冷却好的巧克力黄油,搅拌均匀后再加入 20g 高筋面粉,继续搅拌均匀。

❺ 把搅拌好的面糊倒一部分到涂了黄油防粘的模具中,用勺子挖一块凝固后的巧克力夹心熔浆,轻轻放到模具中间。

❻ 把剩下的面糊倒入模具,直到 3/4 满。放入预热好 175℃的烤箱,中层,上下火,烤 15 分钟左右出炉。

❼ 倒扣脱模,趁热享用。

君之说风味

✿ 它的制作非常简单，以扁桃仁为主料，一贯在蛋糕里唱主角的面粉沦为了配角的位置。所以，味道自然十分浓郁。同样因为扁桃仁构成了主要成分，使蛋糕异常疏松柔软，入口即化。做零食，当早餐，招待客人……它几乎可以出现在任何场合。短时间的准备，短时间的烤制，却能让你百分之百满意。

操作要点

1. 这款蛋糕的配料里，黄油、扁桃仁、鸡蛋、细砂糖、低筋面粉的用量比例为7:6:5:4:3，依次递减，十分好记。

2. 扁桃仁需要和细砂糖一起放入食品料理机里打成粉。如果不放糖或者少放糖，扁桃仁就无法打成细腻的粉末状，会成为浆糊。

3. 用等量的100%纯度的扁桃仁粉来代替扁桃仁也可以，但扁桃仁粉一样需要和细砂糖混合并放入食品料理机里再度打碎，因为纯扁桃仁粉颗粒都比较粗大。不过，用市售的扁桃仁粉做的蛋糕，是不如自己用扁桃仁带红皮一起和细砂糖磨粉做出的蛋糕香的。

4. 可以用你喜欢的任何其他小模具来烤这款蛋糕，圆形或者方形都无所谓。但要根据模具的大小灵活调整烤焙时间。

5. 柠檬皮屑是将新鲜柠檬皮切碎得到的。柠檬皮内侧的白色部分要事先用小刀刮掉，因为这部分会产生苦涩的口感。

浓郁扁桃仁蛋糕

烤箱中层 ◆ 上下火 180℃ ⏱ 约25分钟

配料 参考分量：长条形小蛋糕模1个

黄油……………………… 70g	低筋面粉……………………… 30g
扁桃仁…………………… 60g	柠檬皮屑…… 1/2 小勺（2.5ml）
全蛋液……… 50g（约1个鸡蛋）	扁桃仁香精……………………数滴
细砂糖…………………… 40g	朗姆酒………………1 大勺（15ml）

制作过程

准备工作

❶ 扁桃仁事先放在烤箱里开170℃烤几分钟，烤出香味以后取出冷却。

❷ 把冷却后的扁桃仁、细砂糖一起放入食品料理机的研磨杯，打碎成扁桃仁糖粉备用。

打发黄油

❸ 黄油软化以后，用打蛋器打发至轻盈膨松的羽毛状。

乳化

❹ 分3次向黄油中加入全蛋液，并继续打发。每次都要让蛋液和黄油完全融合以后，再加下一次（鸡蛋如果是从冷藏室拿出来的，应该回温以后再用）。

❺ 加蛋液打发后的状态如图所示。

混匀配料

❻ 在黄油鸡蛋混合物中滴入几滴扁桃仁香精（没有可不放），加入柠檬皮屑搅打均匀。再加入朗姆酒，不用搅拌。

❼ 再筛入低筋面粉，此时不用搅拌。

❽ 倒入第❷步做好的扁桃仁糖粉。

❾ 用橡皮刮刀把面糊翻拌均匀，使扁桃仁糖粉、低筋面粉、朗姆酒、黄油糊完全混合在一起，成为蛋糕面糊。

装模，烤焙

❿ 把蛋糕面糊装入长条形蛋糕模具里，再放入预热好180℃的烤箱，中层，上下火，烤25分钟左右，直到蛋糕表面呈金黄色即可出炉。

君之说风味

✿ 这是一款制作非常非常简单的蛋糕，但又有那么一点不一样：它使用了一半面粉一半大米粉，从而形成一种独特的质地与口感——更松、更软，且略带一些粉糯的感觉，很值得尝试。

操作要点

1. 大米粉没有黏性，不要用糯米粉代替，否则口感会不对。如果没有大米粉，可以直接把大米用破壁机磨成粉：将大米放入干磨杯用果蔬程序打一遍即可（如果打出来不够细腻可以再继续高速打 1~2 分钟）。一次多打一些，比如一次打 200g，多余的可以下次再用（如果只打配方里的 40g 分量太少，很难打起来）。

2. 面粉要用中筋面粉（或高筋面粉也可以），而不是我们平时做蛋糕用的低筋面粉。这是因为加入了一半大米粉，而大米粉中的蛋白质不像小麦蛋白那样能形成面筋，所以需要中筋或高筋的面粉来平衡筋度。

3. 泡打粉能让蛋糕充分地膨发起来并形成细腻的组织，是不能省略的哦。

4. 配料中的黄油不能用植物油代替。

米粉蛋糕

🍳 烤箱中层　🔥 上下火 170℃　🕐 约 30 分钟

配料　参考分量：水果条模具一条

黄油⋯⋯⋯⋯⋯⋯⋯⋯⋯ 60g	无铝泡打粉⋯ 1/2 小勺（2.5ml）
全蛋液⋯⋯⋯ 50g（约 1 个鸡蛋）	中筋面粉⋯⋯⋯⋯⋯⋯⋯⋯ 40g
细砂糖⋯⋯⋯⋯⋯⋯⋯⋯⋯ 60g	大米粉⋯⋯⋯⋯⋯⋯⋯⋯⋯ 40g
牛奶（或水）⋯⋯⋯⋯⋯⋯ 20g	

制作过程

打发黄油

❶ 首先将黄油切成小块，室温下彻底软化，然后加入细砂糖，用打蛋器开始打发。

❷ 持续打发 2~3 分钟，使黄油的体积膨大、颜色变浅。

混匀配料

❸ 接着在黄油里加入全蛋液、牛奶（或水）。同时，在另一个碗里将面粉、大米粉、泡打粉混合在一起。

❹ 将粉类过筛，筛入黄油里。

❺ 接下来继续用打蛋器慢速打发，使粉类和黄油混合，并生成面筋的结构。

❻ 打发 2 分钟左右，蛋糕面糊就做好了。

装模，烤焙

❼ 最后，将蛋糕面糊倒入一个水果条模具里（如果是不防粘的模具，需要涂抹薄薄一层黄油防粘）。放入预热好 170℃的烤箱，中层，上下火，烤大约 30 分钟，直到蛋糕完全膨发，表面呈金黄色。用牙签扎入蛋糕内部，拔出的牙签上没有残留物，就表示烤熟了（不同烤箱温度不同，请根据实际情况酌情调整烘烤温度和时间）。

❽ 出炉以后，戴着隔热手套将蛋糕趁热从模具里倒出来，并放在冷却架上冷却。

低脂蛋糕圈

烤箱中层　上下火170℃　约18分钟

配料　参考分量：2 个

低筋面粉·················· 100g	细砂糖···················· 35g
全蛋液······· 50g（约 1 个鸡蛋）	奶粉······················ 8g
牛奶（或水）·············· 20g	无铝泡打粉················ 3g
黄油···················· 35g	盐······················· 1g

君之说风味

❋ 这是用甜甜圈模具烤出来的蛋糕圈，不用油炸，制作简单，而且糖油含量相对不高，却拥有很细腻松软的口感哦。

操作要点

1. 如果烘烤温度过高，表面可能会开裂严重，遇到这种情况可以降低烘烤温度。刚出炉的蛋糕圈表面会有点脆脆的感觉，冷却后密封几个小时，当蛋糕圈内水分达到均衡，就会变成整体都松软的感觉了。

2. 可以在蛋糕圈表面涂抹巧克力酱、果酱或撒上糖粉食用。

3. 蛋糕面糊做好以后不要放置太长时间，尽快烘烤。

4. 泡打粉是让蛋糕圈膨胀起来，变得松软细腻的必备原料，不可以省略。

5. 可以用麦芬模来烘烤这款蛋糕，烘烤的温度可以提高到180℃，并适当缩短烘烤时间。不要用太大的模具来烘烤这款蛋糕，不然效果不好。

制作过程

混合配料

❶ 将黄油隔水加热（或微波炉加热）成为液态，然后加入全蛋液、细砂糖、盐、奶粉、牛奶（或水），充分搅拌均匀，成为液态混合物。

❷ 低筋面粉和泡打粉混合过筛，筛入上一步的液态混合物里。

❸ 然后用手动打蛋器（或刮刀）将其充分拌匀，成为湿润的面糊。拌匀即可，不要过度搅拌。

装模，烤焙

❹ 准备两个甜甜圈形状的模具，在模具内壁涂抹一层黄油，然后撒上少许干面粉。摇晃模具使干面粉在模具内壁薄薄沾上一层，再倒出多余的面粉即可。

★这一步是防粘步骤，这样处理之后就会非常容易脱模了。如果你用的是防粘模具可以省略这一步。

★如果没有甜甜圈模具，也可以用麦芬模（蛋糕连模）来烘烤，挤入模具七分满即可。

❺ 将面糊装入裱花袋，挤入模具中，大约七分满。

❻ 用手提起模具在台面上轻轻震几次，使表面的面糊变得平整。然后放入预热好170℃的烤箱，中层，上下火，烤大约18分钟，直到表面呈浅金黄色即可出炉。

甜点糖浆

在做蛋糕的时候，常常会用到糖浆。当你看到"用毛刷蘸糖浆刷在蛋糕表面"这样的话时，是否曾疑惑：如果我不用糖浆行不行？

在制作蛋糕的时候，糖浆并不仅仅起到增加甜味这一个作用。大部分蛋糕要经过糖浆的调味及湿润以后，味道才会更好地体现出来，尤其是玛德琳蛋糕。玛德琳蛋糕的口感偏干硬，经过糖浆的湿润后才能有绵润的感觉，用它做出的诸如屋顶蛋糕或者巧克力夹心方块蛋糕才会更加可口。

在本书里，出现最多的糖浆就是朗姆酒糖浆，而朗姆酒糖浆正是属于甜点糖浆的一种。从定义上来说，任何经过调味（比如添加了朗姆酒、果汁或者香草）的糖浆，都可以叫作甜点糖浆。

而我们在制作蛋糕的时候，也不必拘泥于配方内提供的糖浆，可以根据自己的饮食习惯和需求制作其他口味的糖浆。比如，制作极简版黑森林蛋糕的时候，如果有樱桃酒代替朗姆酒制作樱桃酒糖浆，效果会更佳。

较常用的糖浆配方如下

朗姆酒糖浆配料

细砂糖	65g
水	75g
朗姆酒	1 大勺（15ml）

制作方法： 水和细砂糖混合加热煮沸，使细砂糖完全溶解成为糖水。等糖水冷却后，加入朗姆酒即成。

香草糖浆配料

细砂糖	65g
水	75g
香草精	1/4 小勺（1.25ml）

制作方法： 水和细砂糖混合加热煮沸，使细砂糖完全溶解成为糖水。等糖水冷却后，加入香草精即成。

柠檬皮糖浆配料

细砂糖	120g
水	160g
柠檬皮	半个

制作方法： 水和细砂糖、柠檬皮混合加热煮沸后，加盖用小火煮3分钟后离火，等糖浆冷却后，捞出柠檬皮即可。

操作要点

1. 如果做的蛋糕量比较大，可以按比例增加糖浆的配料，一次多做一些，做好后放在冰箱冷藏，可长时间保存，随用随取。保存糖浆的容器需要带盖，最好是密封瓶。

2. 根据需要灵活选择自己喜欢的糖浆，但要注意和制作的蛋糕本身的味道要能搭配融合在一起。

巧克力淋酱

　　巧克力淋酱是甜点里应用非常普遍的一种基础材料，巧克力和其他材料（如动物性淡奶油、牛奶、黄油）混合在一起加热熔化后，能具备足够的流动性，可以淋在蛋糕表面作为装饰，也可以作为蘸酱及馅料。

　　巧克力淋酱具有和巧克力相同的性质，受热的时候会熔化，而冷却后会凝固。但因为有了其他湿性材料的加入，所以凝固后的巧克力淋酱要比普通巧克力软得多。巧克力淋酱根据配方的不同，性质也稍有差别。我们可以看看如下三种巧克力淋酱的配方：

配方 1

黑巧克力·················· 80g
动物性淡奶油·········· 80g

配方 2

黑巧克力·················· 80g
牛奶······················ 40g
黄油······················ 20g

配方 3

黑巧克力·················· 100g
牛奶······················ 50g

　　这三种巧克力淋酱的制作方法相同：先将黑巧克力切成小块，和其他材料，如黄油、牛奶等混合在一起（图1），隔水加热并不断搅拌，直到黑巧克力完全熔化，成为可流动的液态（图2）。

　　因为配料不同，它们也有不同之处，这点可以通过它们各自的用途来比较。

　　第一个配方本书里没有使用到，但它是一种非常常见的巧克力淋酱配方，多用于镜面蛋糕的装饰。这款淋酱含有丰富的淡奶油，流动性佳，可以顺利地铺满整个蛋糕表面，使蛋糕看上去光亮如镜。它的缺点在于凝固后比较软，如果用手触摸的话，较容易粘在手上。不过，一般这类蛋糕切块后，大家都直接用手接触蛋糕切面，而不需要碰触淋酱。

　　第二个配方用于屋顶蛋糕（92页），它同样具有较佳的流动性，但冷藏凝固后的硬度要稍高一些，普通的触摸不会粘到手上，方便屋顶蛋糕的切割与拿取。

　　第三个配方出现在巧克力夹心方块蛋糕里（88页）。它的流动性在三者里是最差的，也正因为如此，将方块蛋糕浸入到淋酱里时，可以在表面沾上厚厚的一层。而且，这款淋酱在凝固后比较硬，是方块蛋糕非常可靠的保护壳，用手直接拿起的时候，不用担心会粘在手上，吃起来很方便。

　　因此，不同淋酱的不同特点使它们可以应用在不同的场合。大家在制作其他各种蛋糕，需要用到巧克力淋酱的时候，也可以根据它们的特点，选择最合适的一种。还有一点需要说明的是，巧克力淋酱凝固后十分柔滑可口，因为变成了固体，所以用作夹馅或者蛋糕夹层也非常合适（图3）。三款配方里，配方1和配方2的淋酱凝固后口感都比较柔滑，更适合作为夹馅，应用在多重滋味蛋糕（94页）这一类蛋糕里。

基础奶油霜——普通奶油霜

配料 参考分量：200g

黄油·························· 100g
糖粉··························· 50g
炼乳··························· 20g
香草精········· 1/4 小勺（1.25ml）
朗姆酒························· 10g
柠檬汁························· 10g
牛奶··············· 2 大勺（30ml）
蜂蜜··························· 15g

制作过程

❶ 黄油软化以后加入糖粉，用打蛋器搅打约 5 分钟，打成非常膨松的状态。

❷ 一次性加入蜂蜜、炼乳、香草精、朗姆酒、柠檬汁，并用打蛋器继续搅打均匀。

❸ 之后再加入牛奶，继续搅打均匀。

❹ 把奶油霜搅打至光滑细腻即可使用。

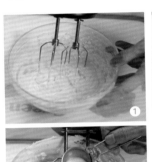

操作要点

1. 普通奶油霜和蛋黄奶油霜的制作材料及制作过程有一些差别。普通奶油霜是最传统的奶油霜，口感较为甜腻。而蛋黄奶油霜则更符合现代人的口味，虽然它的制作要复杂一些，但口感上更轻盈，也更容易让人接受，而且热量较低，更为健康。两种奶油霜的用途是一样的，根据自己的情况选择制作一种即可。但本人建议读者选择口感更好且更健康的蛋黄奶油霜。

2. 做好的奶油霜，如果不马上使用的话，需要放在冰箱冷藏保存。奶油霜在冷藏后会变硬，使用的时候，需要提前拿出来回温，并用打蛋器重新搅打到膨松再用。

3. 做蛋黄奶油霜过程中，煮蛋黄的时候，一定要注意火候。一旦蛋黄糊开始变得浓稠要立即离火，并立刻把盆浸泡到冷水里，避免余温继续加热。要保证蛋黄不沸腾。如果你有温度计更好，测量温度达到 80℃立即离火。

衍生产品

基础奶油霜是最普通的一类奶油霜，有时，根据所做产品的不同，会需要不同口味的奶油霜。在奶油霜里添加不同的果汁，可以得到不同口味的奶油霜。比如：把基础奶油霜配料里的一半牛奶换成等量柠檬汁，即可制成柠檬奶油霜。把基础奶油霜配料里的全部牛奶换成等量的芒果果泥，即可制成芒果奶油霜。

基础奶油霜
——蛋黄奶油霜

配料 参考分量：300g

黄油·······························100g
细砂糖····························70g
炼乳·······························20g
动物性淡奶油·····················50g
香草精··········1/4 小勺（1.25ml）
朗姆酒····························10g
柠檬汁····························10g
蛋黄·······························2 个
牛奶··················2 大勺（30ml）
蜂蜜·······························15g

制作过程

❶ 把蛋黄、细砂糖、淡奶油、牛奶倒
入盆里。

❷ 用打蛋器搅打均匀。

❸ 把盆放在炉火上用小火加热并不断
搅拌。当温度上升（约80℃），蛋
黄糊开始变得浓稠时立刻离火并
把盆浸入冷水里，不要停止搅拌。
一直搅拌到蛋黄糊温度冷却到不
烫手的程度。
★注意不能煮到蛋黄沸腾，否则会难
以和黄油乳化，出现油水分离。

❹ 黄油软化以后，用打蛋器打至顺
滑，然后把煮好的蛋黄糊倒入黄油
里，用电动打蛋器持续搅打 5 分钟
左右，搅打到浓稠且膨松的状态。

❺ 一次性加入蜂蜜、炼乳、香草精、
朗姆酒、柠檬汁，并用打蛋器继续
搅打均匀。

❻ 搅打到奶油霜呈现光滑细腻的状态
就做好了。

巧克力奶油霜

配料　参考分量：290g

基础奶油霜（做法见152页）···
·· 200g
黑巧克力······················· 80g
牛奶······························ 20g
朗姆酒···························· 10g

制作过程

❶ 黑巧克力切碎放入碗里，加入牛奶，隔水加热并不断搅拌，直到完全熔化。熔化后的巧克力液冷却到室温，变成比较黏稠的状态，但不要凝固。

❷ 用打蛋器搅打基础奶油霜，边搅打边倒入巧克力液，直到巧克力液全部倒入。

❸ 在搅拌好的奶油霜里加入朗姆酒，并继续搅打。

❹ 打到奶油霜顺滑细腻就可以了。

操作要点

1. 隔水熔化巧克力的时候，碗里不要溅入水分，否则可能导致巧克力不能溶解。

2. 加入巧克力液之前的基础奶油霜最好是室温的。如果奶油霜之前放在冰箱保存，需拿出来回温后再用。如果奶油霜太凉，巧克力液遇到奶油霜急速凝固，会在奶油霜里形成颗粒。

3. 做好的巧克力奶油霜可以直接使用，也可以放在室温下备用。一两天之内用完的话，可以不放到冰箱保存；否则，要放入冰箱冷藏。如果放到冰箱保存，奶油霜会变硬，使用前需回温，并用打蛋器重新搅打到顺滑以后再用。